U0010670

元宇宙必修課

好奇元宇宙的人，你得知道的 50 件事

元宇宙必修課

李宰源（이재원）　著

晨星出版

我們已經活在虛擬現實中。

"We're living in science fiction."

● 黃仁勳（輝達執行長）●

給那些問
「所以說，什麼是元宇宙？」的人

從二〇二〇年十二月開始，元宇宙成為韓國的熱門話題。實際上，在元宇宙概念瘋傳初期，我在YouTube頻道《TTimes》已經發布了第一支元宇宙相關影片。這是韓國國內第一支介紹元宇宙的影片，創下了近三十萬次的點擊數，受到大眾矚目。

不管是YouTube還是電視台，都不約而同地聊起元宇宙、聊元宇宙概念、聊元宇宙受益股，就連科技企業也爭著表態，直道「元宇宙是未來的網路」，爭先恐後成為元宇宙企業。許多訂閱者要求我分析此一現象。

不過，問題又多又難回答——「所以元宇宙改變了什麼」、「我們一定需要元宇宙嗎？」、「所以，元宇宙能賺錢嗎？」——在你猶豫不決，試著尋找解答的時候，市面上接二連三地推出了各款元宇宙遊戲。大眾最常接觸的Instagram和臉書都被認為是元宇宙形式之一。

不分行業，一直有人問我「想要元宇宙，應該要怎麼做」，許多上班族被要求制定元宇宙相關事業企劃案，卻不知如何下手。他們仍舊找不出一個明快的答案。

　　這時的元宇宙變成熱門行銷用語，也就是「時髦術語」（Buzzword），是用來吸引人們對最先進科技關注的行銷手段。但是我並不認為元宇宙僅止於行銷手段。我認為元宇宙世界不過是剛開始，甫萌生的嫩芽是不會輕易被發現，隨著越來越多關於元宇宙的報導出現，我這種想法也變得越強烈。

　　有人認為元宇宙就是遊戲或社群媒體，不過，元宇宙不能這麼簡單地被定義。它不是靠一兩個內容或服務就能架構的世界。元宇宙是驚人的工業變革所帶來的科技進化，我們必須看見華麗成品的背面。以汽車產業為例，一提起「汽車業」，我們這種普通駕駛人就會想到銷售汽車的公司，像是韓國的現代汽車和起亞汽車，或是美國的福特汽車、通用汽車，又或是德國的奧迪和福斯、梅賽德斯—賓士等等。

　　然而，如果我們進一步分析汽車產業，就很難把汽車產業的定義局限於賣車的公司。除了銷售範疇外，汽車產業鏈牽動甚廣，涵蓋製造能控制汽車的汽車零組件的電子業（電子、電動），以及隨著電動車時代的到來，電池業

也被歸納入汽車產業鏈中。還有，自動駕駛汽車的發明，讓自動駕駛汽車所需的半導體企業和人工智慧開發企業，也被列入汽車業範疇中。

上述情況就是一個產業的初始，時間過去，該產業會改變世界。在此過程中，與該產業相關的企業都會迎戰其他企業，而企業是成是敗，全看企業能否抓緊機會。

元宇宙也是同樣的道理，很多人以為元宇宙是天上掉下來的全新概念與技術，實則不然。元宇宙是長久以來發展的遊戲產業、構成遊戲的哲學，與同步進步的電腦繪圖技術及5G網路技術的結合。我們得益於此，推開了元宇宙世界大門。現在，元宇宙世界和活用元宇宙技術的各種好點子正被催生中，就像二〇〇七年智慧型手機iPhone上市，很多人把自己的服務和創意與之結合一樣。

然而，不是人人都能成功。只有正確理解智慧型手機，並因應智慧型手機使用者特性作出調整的企業才能生存，而能進一步提供行動環境新經驗的企業更能領先群倫。沒做到這些的企業，不過是把自己硬塞入行動手機的隊伍罷了。

元宇宙世界也是如此。渴望掌控新技術的人正在全世界栽種樹苗。儘管他們還不知道這些樹苗未來會長出什麼，唯一能肯定的是，元宇宙不同於現今世界適用的規

則。元宇宙是個生產者與消費者界線被打破的世界，也是很多事物會被去中心化（decentralized）的世界。還有，為滿足元宇宙世界的需求，很多新產業將應運而生。

對企業來說，唯一重要的事是——「創新」。創新的本質來自全新的使用者體驗，技術充其量是分枝。這也是為何在元宇宙世界裡，我們必須思考元宇宙能提供何種全新使用者體驗及服務。有心投資元宇宙的投資者必須明確了解這一點，了解產業的變化，並思考自己在元宇宙世界能做什麼。

為此，我重新審視與整理元宇宙的相關概念，並找出元宇宙這條大河是由哪些技術細流匯聚而成，在難以追上元宇宙快速變化的流速中，盡我所能整理出有用的資訊。我希望這本書能成為一本優秀的指南書，幫助有心進入元宇宙世界的讀者。

我想感謝提議及幫助出版這本書的邊境書出版社（Metebooks），以及給了我許多幫助的《TTimes》組員。

最後，我還要感謝在炎夏趕稿的日子裡，替我加油打氣的妻子宥妍。

李宰源

CONTENTS

什麼是元宇宙？

PART 1

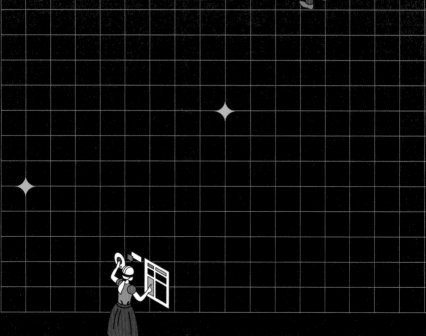

　　元宇宙的定義至今模糊不清，有人說是遊戲，有人說是社群媒體。為什麼相同的東西卻有這麼多不同的定義呢？這是因為每個人有過不同的元宇宙服務體驗。每個人所接納的元宇宙的定義，會隨個人體驗差異而有所不同。讓我們先看一下元宇宙的起源及未來趨勢，及其組成要素，再重替元宇宙下定義。

METAVERSE

我們如何理解
元宇宙？

二〇三〇年市場規模達8,963萬美元，
我們該如何理解像手機一樣，改變生活的東西？

▎大步走來的未來，元宇宙▎

「元宇宙正到來。」（The Metaverse Is Coming.）

這是全球顯示卡市場占有率第一名的公司——輝達（Nvidia）執行長黃仁勳的宣言。這句話等同推開了元宇宙世界大門。臉書創始人暨執行長馬克・祖克柏（Mark Zuckerberg）一句「臉書的未來在元宇宙」，更是火上澆油，如今，全世界都在談論元宇宙。

以下是黃仁勳在二〇二〇年十月六日的頂尖人工智慧開發人員大會（GPU Technology Conference, GTC）的部分演說內容。在他發表公司願景時，最先提起的是元宇宙。

在演說中，他花了很長的時間詳盡描述元宇宙，並直言元宇宙將成為輝達公司的一大原動力。他道：「若說過去的二十年令人驚奇，那麼未來的二十年無異將成為一本科幻（Science Fiction）小說」，直指元宇宙是輝達未來的大餅。

在那之後，元宇宙變成人們關注焦點。二○二○年冬季過後，元宇宙仍未退燒，依舊是全世界鋪天蓋地的議論對象。元宇宙話題持續熱炒半年多，登上無數科技新聞頭條，自稱為元宇宙企業的新創公司層出不窮。

時至二○二一年，方舟投資（ARK Invest）的預測報告《2021 Big Ideas》，加強人們對元宇宙的興趣。當時方舟投資行政總裁凱薩琳・伍德（Cathie Duddy Wood）在二○二○年股市繁榮期，搶先投資特斯拉等科技項目而獲得高額利益，報告共十五章節，元宇宙在第三章「虛擬世界」（Virtual World）登場。

該報告提到我們每天都與虛擬世界互動著，虛擬世界由電子遊戲（Video game）、增擴實境（Augmented Reality, AR）與虛擬實境（Virtual Reality, VR）所組成。儘管這三種技術現在各自獨立，但在不遠的將來，它們會形成元宇宙。元宇宙具有可觀的經濟效益，預計至二○二五年元宇宙相關市場規模將達 3,650 億美元。顯然，這是個具

▲ 二○二一年三月十日於紐約證券交易所上市的元宇宙代表性平台《機器磚塊》，上市當日暴漲 54.44%，足以證明人們對元宇宙的關注熱度。©Roblox

有巨大收益潛力的市場。

　　還有一件事能證明元宇宙收益潛力的事實，也就是人們對元宇宙的關注到達高潮的時期。二○二一年三月十日，美國遊戲公司 Roblox 在紐約證券交易所掛牌上市。上市當日股價暴漲 54.44%，總市值達到 460 億美元。一開始，市場預測其市價總額為 300 億美元，這就是正所謂的「炙手可熱」。

　　Roblox 公司開發的《機器磚塊》是一個遊戲平台，同時也是一款平台遊戲，二○○四年進行初步測試，二○○六年正式發布。這是什麼意思？意思是，《機器磚塊》是款遊戲，能讓使用者登入和破遊戲任務，同時

也具備元宇宙元素，可供使用者開發遊戲，或玩其他使用者開發的遊戲，就像YouTube一樣，使用者可以觀看影片，也能上傳影片。我會在本書的後面詳細介紹這個平台的運作原理，以及受歡迎的原因。

▎元宇宙是另一個「時髦術語」嗎？▎

Roblox成功登陸納斯達克，成為了元宇宙的代名詞，當有人提到元宇宙的時候，大部分的人會回答：「喔，你說《機器磚塊》。」然而，當《機器磚塊》成為元宇宙的代名詞時，熱度反而退燒。

在Google搜尋趨勢會顯示關鍵字的搜尋量。當Roblox公司一上市，元宇宙的搜尋量立刻倒頭栽，在Roblox上市期間，元宇宙的搜索指數為82，一個月後，也就是二〇二一年四月，下滑至49，兩個月後，即五月持續下滑至39。為什麼當Roblox成為了元宇宙的代名詞後，人們對元宇宙的興趣就退減了呢？

原因有二，一是誤以為元宇宙就是遊戲，二是誤以為元宇宙的使用者主要為Z世代（一九九六年到二〇一三年之間出生的人）。Roblox在官網介紹寫著：「本公司宗旨為，讓所有人通過遊戲合為一體」。顯然，他們將元宇宙定義為一場遊戲。這也是為何人們會

▲ Roblox 的韓文版官方網站清楚寫出 Roblox 的宗旨：「我們是一家通過遊戲把全世界使用者合為一體的企業。」©Roblox

誤解元宇宙，還有這種誤解並不是全錯。

使用者族群也有關係。《機器磚塊》的每月使用者參與度（Monthly Active User, MAU）顯示，30 天內有 1.5 億人在這個平台上進行活動。在美國有三分之一使用者的年紀尚未滿十六歲，有三分之二的兒童（九到十二歲）都加入了《機器磚塊》，他們被稱之為「小總統（小學生＋總統）」並不為過。

《機器磚塊》因為擁有上述特色，所以成為了元宇宙的代表，誤會也由此開始。當有人想知道「元宇宙是什麼」，回答的人很難給出明確答案，結果，只好拿《機器磚塊》打比喻，導致大家找到的答案都很相似。

「啊，所以說元宇宙就是遊戲？」

到頭來，元宇宙被當成是小學生愛玩的遊戲，全世界都覺得「元宇宙就是遊戲」、「是沒有經濟能力的小學生所享受的世界」，導致元宇宙的熱度迅速退燒。

無庸置疑地，有些人之所以投資元宇宙，是因為見到它有可觀的盈利與增長潛力，但很多身在投資市場的人也無法擺脫「元宇宙＝遊戲」的公式。就算你跟他們說元宇宙具有延展潛力，不僅僅是一款遊戲那麼簡單，他們會戲謔地答道：「所以，什麼東西都可能成為元宇宙囉？」

因此，許多人把元宇宙當成一時的流行，甚至把它想成是個「時髦術語」（Buzzword）──缺乏共同認知或具體定義的詞彙，就像大眾熟知的流行單詞「幸福感」（Well-being）。

但是，「幸福感」潮流過去，儘管我們不會再聽見這個詞，卻還是會關注健康的飲食習慣，多關注自己的人生。哪怕沒有持續使用「幸福感」這個詞，這個市場也會一直成長。

元宇宙也一樣。儘管它是一種特殊服務，也是引人關注的技術，但當它滲入日常生活中，「元宇宙」這一個單詞就會自然地消失。它會以不同的方式和日常生活結合，令我們的日常更加多采多姿。

「元宇宙原住民」Z世代年輕人，之所以對「元宇宙」這個單詞相當陌生，是因為他們早已習慣了元宇宙。如果你有仔細看過關於元宇宙的YouTube影片下方留言，你會發現Z世代說：「什麼跟什麼啊？這不是我每天在做的事嗎？原來這就是元宇宙？哈哈！」。從他們的角度來看，大人忽然關心起自己每天像呼吸一樣做的事，並將其定義為「元宇宙」，是非常神奇的。對他們來說，這些都是理所當然的日常，卻被當成一個特別的世界，他們不由得失笑。

實際上，韓國調查機構「大學明日」的附屬單位「大學明日二十代研究所」實施的問卷調查也出現相同的結果。當千禧世代與Z世代被問到關於元宇宙的問題，有11.8%的人回答「非常了解」，有37.1%的人回答「聽過，但不清楚那是什麼。」

可是，當被問到是否聽說過元宇宙平台，像是《動物森友會》、《ZEPETO》和《機器磚塊》，有73.3%的人回答「聽過」，其中45%的人回答「親自使用過」。

不僅Z世代，元宇宙將成為所有世代的日常。儘管人們對元宇宙一詞的關注度消退，但元宇宙早已滲透到大眾日常，有很多的企業正縱身躍入元宇宙世界。

即使是原本說著「什麼啊，元宇宙是什麼？不就是遊戲嗎？」，和年輕人保持距離的大人，也活在元宇宙世界中而不自知。比方說我的父母，他們本來擺出「我才不用智慧型手機」的態度，現在，他們熟練地滑手機、解鎖手機與使用通訊軟體。

　　接下來，我會一步步探究元宇宙定義，替大家的好奇心解惑。接著，我會審視元宇宙的各種條件與形式，以及所需技術，最後會深入介紹正在廣泛應用於元宇宙的各種領域及產業，還有融入大眾日常的巨大元宇宙潮流。

元宇宙
是怎樣的空間？

元宇宙首次出現於一九九二年的小說《潰雪》，
和電影《一級玩家》。這就是元宇宙的全部嗎？

∣小說《潰雪》中的元宇宙∣

我們先看元宇宙的定義。通常，元宇宙被認為是模糊現實與虛擬界線的世界或空間。簡言之，它是由人類的虛擬化身（Avatar）和軟體，也就是人工智慧創造出的虛擬化身所組成的虛擬空間。讓我們分解元宇宙這個單詞吧，「元宇宙」（Metaverse）由有著超越與虛擬意思的英文前綴詞「Meta-」，和宇宙（Universe）的詞幹「verse」所構成。直譯就是「超越世界」或「虛擬世界」。元宇宙的解釋形形色色，像是超越現實的世界，或不存在於現實的虛擬宇宙等。大眾認為元宇宙是一種「虛擬世

▲ 美國科幻作家尼爾‧史蒂文森於一九九二年出版的小說《潰雪》，首次提及元宇宙。

界」，或把元宇宙當成和現實世界相反的另一個「世界」，皆源自於此。

　　是誰最早使用元宇宙這個單詞呢？這件事要追溯到30年前，即一九九二年，美國科幻作家尼爾‧史蒂文森（Neal Stephenson）出版的暢銷小說《潰雪》（*Snow Crash*）。它是元宇宙一詞最早登場的作品。

該小說的背景設在近未來，人們可以通過虛擬化身，活在虛擬世界中，不管你在現實世界中從事什麼職業，到了虛擬世界，人人都能變成自己想要的模樣。該小說稱該虛擬世界為「元宇宙」。尼爾・史蒂文森在小說中對元宇宙的描述如下：

　　　　他們可以建造樓宇、公園、標誌牌，以及現實中並不存在的東西，比如高懸在半空中的巨型燈光展示、無視三維時空法則的特殊街區，還有一片片的自由格鬥地帶，人們可以在那裡互相獵殺。這條大街與真實世界唯一的差別就是，它並不真正存在。它就是一份電腦繪圖協議，寫在一張紙上，放在某個地方。大街，連同這些東西，沒有一樣被真正賦予物質型態。更確切地說，它們不過是一些軟體，通過遍及全球的光纖網路供大眾使用。

　　尼爾・史蒂文森所描述元宇宙中的「街道」（The Street），有和現實世界相同的樓宇、公園與標誌牌。許多虛擬元素存在於與現實世界相似的空間中，處處有燈光，無視了三維時空法則。

　　這部小說的主角是一名披薩外送員阿弘（Hiro

Protagonist）。阿弘在虛擬世界中是一名熱血劍客，某一天，他發現元宇宙裡有一種專門設計給虛擬化身的毒品──「潰雪」，這會造成虛擬化身的主人，也就是現實世界中使用者的大腦致命傷害。阿弘追蹤整件事的來龍去脈，拯救世界。

《潰雪》不是一本成功的大眾性小說，但它的非凡科技想像力，獲得了肯定，受到全球科幻小說迷與電腦產業人士的關注。在那之後，各種小說、電影和遊戲都借用它創造出的元宇宙點子。

▌電影《一級玩家》中的元宇宙▌

美國作家恩斯特‧克萊恩（Emest Cline）於二〇一一年出版的小說《一級玩家》（*Ready Player One*），在二〇一八年被改編為同名電影上映。電影《一級玩家》把《潰雪》裡的元宇宙視覺化，並由名導史蒂芬‧史匹柏（Steven Spielberg）執導，看點豐富。

電影《一級玩家》
預告片

電影《一級玩家》的背景設定在二〇四五年的地球。主角韋德透過VR沉浸式裝置，在線上遊戲系統綠洲（Oasis）世界，上學、交友、玩遊戲、賺錢和探索世

元宇宙必修課

▲ 二〇一八年上映的電影《一級玩家》視覺化同名小說中的場景。© 華納兄弟

界，甚至打造了秘密倉庫，和朋友一起創造機器人。韋德的朋友不是現實世界認識的朋友，而是虛擬世界的網友。

在電影中，「綠洲」是由大型遊戲公司「Gregarious Games」（簡稱 GG）所經營的超大型虛擬實境遊戲。「綠洲」名為遊戲，實際上就是另一個世界，主角和其他玩家都能享受綠洲世界，不管在公司或吃飯時都會登入綠洲世界。登入後的玩家展現不同於現實世界的模樣。

鋼彈、機器戰警、蝙蝠俠、忍者龜……，玩家可以

▲ 電影《一級玩家》中，主角韋德的虛擬化身帕西法爾，和其它夥伴的虛擬化身。© 華納兄弟

隨心所欲變成任何角色；可以不用擔心人身安危，參加狂野的賽車遊戲；不用擔心錢，躺在豔陽下享受度假。每個玩家都能擺脫如沙漠般的現實世界，走入宛如綠洲的虛擬世界。

主角韋德是和阿姨一起住在拖車屋的貧窮青年，沒錢購買最新設備。但是，當他穿戴上連結「綠洲」的VR裝置，就會變身成充滿魅力的帕西法爾。該電影主要描述帕西法爾如何孤軍奮鬥，拯救世界。

帕西法爾在虛擬世界「綠洲」中——如同元宇宙般，和現實相連的世界，和Innovative Online Industries（簡稱IOI）公司展開戰鬥，IOI想殺死帕西法爾，也

就是韋德。電影的最後，帕西法爾和韋德分別拯救了綠洲和現實世界。

不僅是主角韋德，其他角色也在「綠洲」找到人生意義，把「綠洲」當成實現夢想的空間。就像韋德在電影中說的：「這裡是我唯一能找到人生意義的空間，也是實現我所有想像的地方。」人們在「綠洲」裡可以恣意翱翔天際，開派對，並無盡地改變模樣。

像這樣，電影中的虛擬世界「綠洲」，原原本本地體現出小說《潰雪》用文字描繪的元宇宙，彷彿在告訴我們「這就是元宇宙」。

上述兩部作品《潰雪》和《一級玩家》都是人們談論元宇宙時經常出現的例子。我想大家在看這本書前，應該也常聽到對吧。它們很適合解釋概念模糊的元宇宙，所以經常被引用，尤其是《一級玩家》，裡面有很多元宇宙視覺要素，常被當作元宇宙入門教材。

不過，誤會也由此出現。大眾誤以為元宇宙就像《一級玩家》的「綠洲」一樣，是和現實世界完美分離的虛擬世界，是個擁有華麗的虛擬化身和完美的3D世界。換言之，以為元宇宙的「宇宙」（Universe），是和現實世界對立的虛擬現實。

當人們把「元宇宙」和「虛擬現實」畫上等號時，

再回頭看元宇宙事例，就會感到混亂。因為就算沒有體現完美的虛擬世界也叫元宇宙；就算和現實世界相去無幾的虛擬世界，也叫元宇宙。最終，人們導出元宇宙不過是一個刻意塑造的行銷用語，對元宇宙失去了興趣。

重新定義元宇宙

儘管元宇宙還沒有明確的定義，
不過，仍有定義元宇宙的「第一原則」。

▌打破「元宇宙＝虛擬現實」的偏見▌

　　為了真正了解什麼是元宇宙，我們必須重新定義元宇宙。意思是，為了以後生活在元宇宙世界中，還有為了抓住元宇宙此一巨大脈動中的另一個機會，我們有必要改變觀點。

　　要怎麼改變看待元宇宙的觀點呢？先看學術派如何解釋元宇宙概念。

　　自從小說《潰雪》面世後，人們對網路和網路普及後的新世界產生興趣，從而出現關於元宇宙層出不窮的研究，尤其是在二〇〇〇年代初期，從元宇宙的面貌到

應用方案，更是百家爭鳴。

在眾多爭論中，其中最引人關注的論點之一為，有學者希望人們能擺脫「元宇宙就是虛擬世界」的簡單思維，強調元宇宙不是脫離現實，和現實毫無關係的虛擬世界。據學者解釋，元宇宙是讓人們盡情展開想像的虛擬空間，這個定義沒錯，不過，它並不是與現實世界隔絕的逃避處或出口。

美國加速研究基金會（Acceleration Studies Foundation，簡稱ASF）的主張類似於前。美國加速研究基金會從二〇〇〇年代初期開始研究元宇宙，並提出元宇宙路線圖（Metaverse Roadmap）。元宇宙路線圖被元宇宙研究人士奉為圭臬。他們認為元宇宙是物理世界和虛擬世界的合流點（Junction）、連接（Nexus）、合流（Convergence），要大眾擺脫對元宇宙的二分法——元宇宙就是現實世界的替代方案，或和現實世界完全相反。

那麼，元宇宙究竟是怎樣的世界呢？因為元宇宙本身是個還不存在的概念，沒有確切實例，更缺乏體現元宇宙的完美技術，是以學者還沒能給出明確定義。

不過，應該要有哪些技術才能融合虛擬和現實呢？這也是創造出元宇宙的小說《潰雪》提過的，讓我們看看部分內容：

只要在人的兩隻眼睛前方各自出繪一幅稍有不同的圖像，就能營造出三維效果，再把這幅立體圖像以每秒七十二次的速率進行切換，它便活動起來。當這幅三維動態圖像以兩千乘兩千的像素分辨率呈現出來時，它已經如同肉眼所能識別的任何畫面一樣清晰。而一旦小小的耳機中傳出立體聲數位音響，一連串活動的三維畫面就擁有了完美逼真的配音。所以說，阿弘並非真正身處此地。實際上，他是在一個由電腦生成的世界裡：電腦將這片天地描繪在他的護目鏡上，將聲音送入他的耳機中。用行話來講，這個虛構的空間就是現在的「元宇宙」（Metaverse）。

在這段描述中，構成元宇宙最重要的元素是護目鏡與耳機，這也是學者的關注焦點。使用者可以通過製作「如同肉眼所能識別的任何畫面一樣清晰的圖像」的護目鏡，以及播放「立體聲數位音效」的耳機，連接虛擬世界和元宇宙。簡言之，元宇宙是通過技術──護目鏡和耳機所完成的另一個世界。

在一九九二年的想像中，護目鏡與耳機是分開的裝置，不過最近兩者的功能合二為一，變成了頭戴式耳

機。這一類的技術與裝備被稱為沈浸式科技（Immersive Technology）●，意指把生動體現想像要素的技術，也就是幫助現實世界中的人們能完全沈浸到虛擬世界的技術。

當然，《潰雪》出版當時的一九九二年，和現在很不一樣，現在的延展實境裝置不只有小說中提到的VR頭戴式裝置。在那時候，VR裝置是只存在於想像中的最先進機器，如今已成為現實，甚至還有更多超越人類五感，結合現實與虛擬的技術陸續登場。

廣義而言，從實現元宇宙的電腦圖學（CG）技術到網路技術，都屬於延展實境技術。現在某些企業更是將人類大腦朝肌肉傳送的肌電訊號（EMG），實際應用到延展實境技術。

我們需要延展實境技術的同時，也需要讓它成為和現實世界交流的媒介，從而創造出第三世界——虛擬世界。各位只要把延展實境技術想像成是建構虛擬世界的所需材料即可。儘管元宇宙尚未完善，但各種標榜元宇宙的服務，如：遊戲、社群網站和虛擬辦公室等，就是所謂的虛擬世界。

● 沈浸式科技（Immersive Technology）
指將人類的五感極大化，提供和現實世界相似經驗的新技術，包括虛擬實境（VR）、擴增實境（AR）、延展實境（XR）、投影、互動媒體（Interactive Media）、全像攝影（Hologram）等。

隨著沈浸式技術的進步，體現元宇宙的技術也日新月異，與此同時，利用沈浸式設備的元宇宙服務類型也正在擴展中。

　　元宇宙的第一原則就是沈浸感，不管是全然的虛擬世界，或是以現實世界為基礎添加虛擬元素，只有實現難以區分現實與虛擬世界的沈浸感時，元宇宙才算完成。

▎重新定義元宇宙 ▎

　　綜上所述，讓我們為元宇宙下一個新的定義。元宇宙不是簡單的虛擬空間，而是一個第三世界——靠著高超的沈浸式技術為媒介，在現實世界和虛擬世界積極相互作用的過程中所產生的。它也是該相互作用的本身。

　　為了方便理解，我整理出下圖。圖左是大眾的普遍

元宇宙認知重新定義

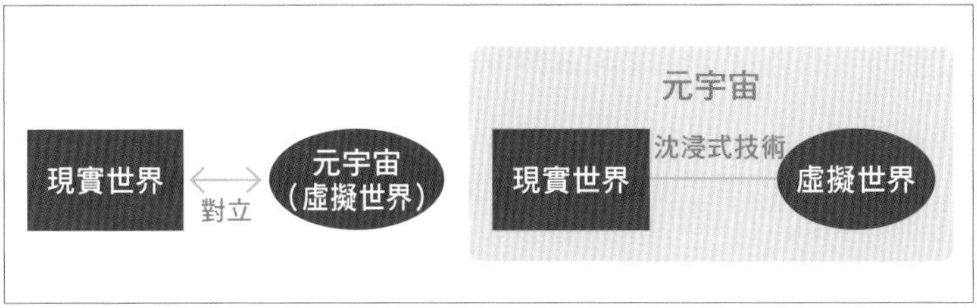

▲ 把元宇宙視為現實世界的對立面（圖左），以及通過沈浸式技術，將元宇宙視為現實世界和虛擬世界的結合（圖右）

認知，其欠缺對沈浸式技術的具體認知，認為元宇宙與現實世界是相對的；圖右是我們對元宇宙下的全新定義：「以沈浸式技術為媒介，現實世界與虛擬世界積極融合而成的新世界。」

重新回到「元宇宙」這個單詞。元宇宙依然代表超越（某事物）的世界，但未必是超越現實。元宇宙是以現實為基礎，結合假想要素所形成的新世界，從這個觀點出發，我替各位整理出幾個和元宇宙相關的單詞。

最近人們常使用的「元宇宙技術」，其實就是沈浸式技術，主要包括硬體，像是各種行動裝置、產出內容的 3D 建模技術及物理引擎等等。

此外，最近還出現了「元宇宙內容」或「元宇宙服務」的新名詞，通常統稱為元宇宙，不過，因為它們處於未完成狀態，所以不能直接和元宇宙畫上等號。

若說沈浸式技術是一種工具，那麼元宇宙內容或服務就是完成元宇宙的所需材料，也就是上圖說的「虛擬世界」。內容與服務的類型多元，可以是遊戲，也可以是社群媒體。不管是什麼方式，人們正以沈浸式技術作為和現實世界溝通的媒介，努力實現完美的元宇宙。

因此，真的想了解元宇宙及其相關產業的人，必須關注以下兩種要素：一是體現元宇宙的技術，即沈浸式

技術；二是能和現實世界相互作用，以創造新世界的材料，即虛擬世界。元宇宙的工具和材料尚處於萌芽期，若能了解它們，就能輕鬆地掌握元宇宙的未來潛力及方向。

元宇宙
有哪些要素？

構成元宇宙需要三個要素，
現實、虛擬，以及結合兩者的沈浸式技術。

▌元宇宙三要素「現實、虛擬、沉浸式技術」▌

我們現在了解了元宇宙的主要條件：沈浸感。沈浸式技術讓現實世界和虛擬世界自然而然地相遇、融合，形成元宇宙，接下來要看構成元宇宙的其他條件。

如前所述，為了引起化學反應，我們需要三種要素：我們現在生活的「現實世界」、通過電腦圖學呈現的「虛擬世界」，還有將這兩個世界融合的催化劑「沈浸式技術」。

實現沈浸式技術的必備條件為「極度的沈浸感」，也就是說，讓人分不出是現實或虛擬的沈浸感，是沈浸

式技術的基本條件。雖然開發沈浸式技術並不簡單，不過目標相當明確。

　　實現虛擬世界的條件也同樣簡單，顧名思義，它就是一個無物理限制，無樣貌限制的「虛擬的世界」。虛擬世界的居民可以在以電腦圖學體現的世界中，盡情實現自己的夢想。只要不會傷害到他人，行動就不應受限，某些元宇宙平台，如遊戲平台和社群網站，早已達成了這項條件。我們通過各種類型的元宇宙平台，已滿足實現虛擬世界的條件。

　　現實世界的重要性不亞於前兩項要素，既然元宇宙是現實與虛擬融合的世界，可想而知，虛擬要素固然重要，現實要素也很重要，而能否建構和維持元宇宙，取決於元宇宙使用者的意志。有些公司僅聚焦於技術層面上，經營元宇宙平台，負責吸引使用者進入元宇宙世界，再把使用者「鎖定」（Lock-In）●，說到底，元宇宙終究得靠元宇宙使用者所創造的內容，方能實現。

　　就像YouTube一樣，YouTube只提供平台、多樣化功能與更新版本，但YouTube之所以能持續經營，是因

● 鎖定效應（Lock-In Effect）
又稱為「閉鎖效果」、「套牢效果」，指利用特定財務或服務，以限制使用者的選擇範圍，使其持續購入現有商品的現象。如用在購買者身上則稱「烙印現象」（Imprinting）。

為無數影像創作者的努力。YouTube 使用者投入時間與精神上傳影片，吸引人們登入 YouTube 平台觀看影片。

同樣地，如果元宇宙想持續地留住使用者，就必須具有現實世界要素，不管是華麗的圖像技術、豐富的看點、潛心發展沈浸式技術以完善虛擬世界都好，若元宇宙只停留在提供暫時性娛樂的狀態，就無法構成真正的元宇宙。

▍在元宇宙中也能維持的三大現實要素 ▍

既然如此，有哪些現實世界的要素必須轉移到元宇宙中呢？那就是社群、經濟和持久性（persistency）。

歸根結底，元宇宙是從現實出發的世界，儘管使用者在虛擬世界用的是虛擬化身，但另一端仍是貨真價實的人類。因為無論虛擬化身用什麼樣的形式存在，最終反映的都是使用者自身的真實面貌。

因此，就像物理空間「地球」上的人類會組成社會一樣，元宇宙使用者會也組成社群。元宇宙就像現實世界一樣，使用者群聚，互動交流，創造價值。只有形成社群，元宇宙才有持續發展可能，持續可能性則會直接影響到元宇宙的成功與否。

現實世界的另一項特質是「持久性」，在我們睡覺

或在辦公室使用電腦的時候，世界仍不斷地運作著，元宇宙也是如此，無論使用者是否登入虛擬世界，虛擬世界一如既往地運作著，使用者會產生錯失恐懼症（Fear out missing out，簡稱FOMO），為了不錯失某些事，使用者會回到元宇宙和隸屬社群中。

此外，為了在虛擬世界建立社群，使用者願意和現實生活中素不相識的人交朋友，並一起進行活動。現實世界的朋友和虛擬世界的朋友失去明確分界的時代正在到來。「新冠世代」，又稱為「C世代」，指的是因為新冠疫情（COVID-19）之故，只能透過視訊通話和第一次見面的朋友打招呼的族群。新冠世代的人不會特別區分線上朋友或線下朋友。

在過去，許多挑戰元宇宙的企業因為忽視了這一點，只聚焦於華麗的圖像和娛樂性而慘遭滑鐵盧。因此，近期挑戰元宇宙的企業正在強化現實世界的要素，有很多技術著重把線上交友「無縫」（Seamless）接軌線下交友，讓交友體驗更順暢。

代表性的技術有虛擬化身。虛擬化身能透過反映個

●**無縫**（Seamless）
「少」（less）「重疊」（seam）的合成詞，意指交友不會感到尷尬，能自然地連結。

人的面貌，幫助使用者自然地建立關係，還有不間斷的語音通話技術，讓使用者之間就像實際面對面聊天一樣。我相信大家用網路通話或視訊通話，都有過聲音延遲的經驗。

這種經驗干擾人們的沈浸感，造成虛擬世界和現實世界的隔閡，企業為減少這種摩擦，正研究低延遲技術（Ultra-Low latency），與使用不同語言的虛擬化身之間能方便交流的即時翻譯技術，包括自然語言處理（Natural Language Processing，簡稱NLP）——能自然地識別普通對話的翻譯技術。

另一項現實世界的要素是經濟活動。現實世界的經濟活動指的是，每個人各自投入時間與勞動力所獲得的補償。元宇宙也是如此。使用者投入時間與能量，連上虛擬世界，創造價值。用現實世界打比喻的話，就像人們去公司上班，能獲得貨幣以補償自己創造出的價值。元宇宙也一樣。

舉例來說，任天堂開發的《集合啦！動物森友會》被認為是元宇宙遊戲。在遊戲中，玩家可以釣魚、收成胡蘿蔔，還能去其他玩家的農場偷東西，再通過賣胡蘿蔔和魚，獲得遊戲貨幣「貝殼」，再用貝幣建造或裝飾自家島上的新房子。

▲ 任天堂開發的《集合啦！動物森友會》被認為是元宇宙遊戲，玩家可以裝飾自己的島，邀請朋友到島上作客。©Nintendo

　　所以，元宇宙需要「貨幣」。當使用者形成社群，從事生產與消費活動時，貨幣自會被催生。這不用多加解釋，因為人類的祖先早已懂得以物易物。不過，如果元宇宙想超越以物易物，更接近現實世界的經濟模式的話，就需要貨幣。提供貨幣功能是經營元宇宙平台企業的責任。

　　更重要的是，企業必須讓元宇宙中的貨幣能用於現實世界。當虛擬世界的皮夾能影響現實世界的皮夾時，元宇宙就完成了。人們用虛擬化身在元宇宙進行的勞動，可以獲得元宇宙平台中的通用貨幣作為補償，並能拿到現實世界花用，或是不需要任何手續費就能兌換成

法幣。反之，人們也可以用法幣作為元宇宙中的勞動補償。舉例來說，使用者賣掉元宇宙中的胡蘿蔔所獲得的錢，能存入現實世界的 Kakao 銀行帳戶中。

另外，為了保障元宇宙中的交易和資產，某些新技術應運而生——以區塊鏈技術為基礎的「虛擬資產」登場。儘管迄今為止，虛擬資產的定位徘徊於投機和投資之間，不過，未來虛擬資產將在元宇宙內找到用武之地。

想建立高沈浸感的虛擬世界最重要的是，和現實世界的聯繫。假如使用者不成立社群，也不進行經濟活動，元宇宙就很難成為一個真正的「世界」，發揮不到真正的效用。

現在的元宇宙
不過是個假貨？

現在的服務和完美的元宇宙世界還有一段距離，
儘管如此，它們仍正在走向元宇宙。

▌迄今未臻完美的元宇宙世界▌

　　讓我們用前面提到的標準，檢視近期湧出的元宇宙平台，嚴格來說，最近各種元宇宙相關的話題內容，或是政府和企業聯手推動的元宇宙相關項目等，很難被歸類為元宇宙。

　　更精準來說，它們不過是使用了實現元宇宙所需的部份技術，充其量是利用元宇宙的技術升級。讓我們用上述標準簡要分析最近的代表性元宇宙平台服務，包括《機器磚塊》、《ZEPETO》、《要塞英雄》（Fortnite）、《集合啦！動物森友會》和《Minecraft》。

第一項條件是沈浸感技術。上述平台多是利用電腦、行動裝置和PlayStation等機器提供遊戲服務，只有《Minecraft》能連接PlayStation的VR裝置。也就是說，這些平台從一開始就不符合沈浸感技術的條件，即便是從和現實世界的連接性檢視它們，也有許多不足之處。至於社群方面還算完善。除了《ZEPETO》是以社群為中心的社群網站服務，其他雖然只是遊戲平台，但提供了玩家建立社群模式（mode）的功能。

而經濟活動方面，只有《機器磚塊》和《ZEPETO》提供和現實世界相連的服務。使用者可以販售虛擬化身在虛擬世界創造的作品，通過信用貨幣（虛擬貨幣）獲得報酬，當累積到一定金額，就能兌換成現實世界的法幣，創造現實利益。但除了這兩個平台外，其他平台都只提供普通的遊戲貨幣。

目前沒有任何企業完美體現元宇宙服務，或創造出完美元宇宙，最大的問題出於沈浸感技術發展慢於預期，就連虛擬實境（VR）市場——當前最成熟的沈浸式技術市場也才剛普及。元宇宙還有很長一段路要走。

▌走向真正的元宇宙世界▐

目前沒有其他平台完美符合各項條件，大多只符合

部分條件，像是具有社群或經濟活動功能，而且多半是無心插柳柳成蔭。細節待我後續說明。目前市場上除了《ZEPETO》之外，其他平台都是企業提供遊戲服務後，玩家催生了該平台的特殊社群文化。

　　總之，有很多平台或服務登場，但這些都是半吊子打水，甚至很多時候並不是出自本意。即便是企業自發性規劃的，很多時候也會受限於技術，無法完善。

　　這也是為何許多研究者批評現在的元宇宙平台，不過是「概念相近的元宇宙」，不過，如果我這樣稱呼這些平台或服務的話，會對真的努力實現元宇宙的人很失禮，所以在這本書中，我會稱之為「元宇宙服務」或「元宇宙平台」。

　　我並不是說，不完全符合元宇宙條件的元宇宙平台毫無意義。實際上，它們替我們推開了元宇宙大門的縫隙，發揮指引作用。它們是「元宇宙樹苗」，有朝一日，會克服時間與空間的限制，成長為完美的元宇宙大樹，只不過，如果我們現在盲目地全盤接納它們，有可能造成正在前往真正元宇宙的旅人混亂。這也是為什麼我認為正確認識元宇宙的定義與其所需要素，以此為標準，檢視元宇宙服務是很重要的。

如何區分
元宇宙類型？

忘記把元宇宙分成四類的現有框架吧！
隨著技術的進步，元宇宙類型正在跨界（Crossover）。

▌元宇宙分類法▌

　　接下來，我會對現有的元宇宙服務進行分類。我在前面一直告訴大家元宇宙應具備的條件，我相信大家也看出了要創造出完美的元宇宙有多不易。

　　元宇宙是一個龐大的概念，涉及了多樣化的技術，很難一次被理解。儘管人們致力分類元宇宙，但隨著不同內容和不同技術的結合，會被區分到不同類型，就算是使用相同技術的內容，也能進一步細分。

　　右頁是美國加速研究基金會（Acceleration Studies Foundation，簡稱ASF）的分類標準圖。在二〇〇七年，美

元宇宙的四種類型

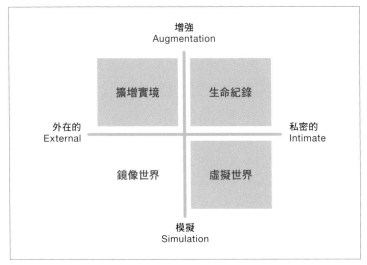

▲ 美國加速研究基金會的元宇宙分類。©ASF

國加速研究基金會發表了一份《元宇宙路線圖》報告
（Metaverse Roadmap），定義了元宇宙，並將其分類之。

當時元宇宙是熱門議題。元宇宙路線圖研討會，以
向專家和大眾進行的問卷調查結果為基礎，寫出《元宇
宙路線圖》，內容包含元宇宙的相關技術、議題的未來
和成長預測等。說不定小說中的非現實概念「元宇宙」
能真正落地生根，是拜這份報告所賜。

美國加速研究基金會根據當時有潛力的技術為基
礎，對元宇宙的「未來」面貌進行了預測，提出了四種

類型分類標準。只不過科技迅速發展，十多年後的今天，該份報告的內容已和現實出現落差，不過，在當時ASF預測的「未來」面貌，確實正成長為不同的元宇宙樹苗。

如上頁所示，元宇宙被分成四類：1.擴增實境（Augmented Reality）、2.生命紀錄（Life Logging）、3.虛擬世界（Virtual Worlds）、4.鏡像世界（Mirror Worlds）。大家可以參考圖片來區分元宇宙。

除了分類之外，大家還需要注意圖中的分類標準，即X軸與Y軸。X軸代表以使用者為中心，製作元宇宙內容的標準，Y軸則是科技與現實世界的關係。簡言之，這四種類型的差異在於，以現實世界為基礎，加上虛擬要素的技術，亦或和現實徹底隔絕所創造出的全然虛擬世界。X軸與Y軸是決定在什麼樣的背景上，創造什麼樣的世界的軸心。

我們先來看X軸。X軸左方標示的「外在的技術」（External）指的是，該技術能提供使用者所在的外部世界什麼樣的資訊與控制能力。簡言之，在現實世界中，使用者如何通過元宇宙技術，操控現實世界的事物，從而改變環境。大家參考電影《關鍵報告》（*Minority Report*）中的主角約翰・安德頓（湯姆・克魯斯飾），

在虛空中揮舞手勢就能操控電腦的場面就會懂了。

X軸右方標示的「私密的技術」（Intimate）指的是，該元宇宙聚焦在如何體現使用者身份的技術上，使用者可以利用該項技術進入元宇宙。也就是說，這是元宇宙讓使用者在元宇宙裡體現真實面貌的方式，像是虛擬化身和線上個人資料（Online profile）。代表性例子有，在韓國最大的線上虛擬社群Cyworld出現的2D虛擬化身「Minimi」，會員能擁有自己的虛擬化身、房間和虛擬貨幣；還有《ZEPETO》的3D虛擬化身。

我們再來看Y軸，Y軸指的是該元宇宙體現了什麼樣的世界的標準，Y軸上方標示的「增強技術」（Augmentation）是使用者原本就知道的物理環境——即在現實世界的基礎上，添加新資訊和操縱技術。大家想一想電影《鋼鐵人》（Iron Man）裡，鋼鐵人穿上鋼鐵人套裝後，頭盔裡的螢幕就會出現敵人的詳細資料和敵人使用的武器資訊，就會懂了。增強技術的關鍵在於要以現實世界為基礎。

Y軸另一端的「模擬技術」（Simulation），顧名思義，就是模擬出虛擬空間的技術，也就是該元宇宙採用何種技術，創造出包括使用者在內的各元宇宙要素，並使之相互作用，實現一個完整的虛擬世界。聯想一下電

影《一級玩家》裡的虛擬世界「綠洲」就能懂了。綠洲是一個和現實世界全然不相干的全新世界。

|四種類型的元宇宙|

接著，讓我們進一步了解由X軸和Y軸組成的四類元宇宙。

1. 擴增實境

第一類是擴增實境型元宇宙。我們可以從「擴增實境」（Augmented Reality，簡稱AR）的名字推測出，這是一種靠擴增實境技術體現，建構增強現實的元宇宙。也就

▲ 可以在汽車前玻璃上顯示車輛行駛資訊的 HUD 技術。© 現代 MOBIS

是說，人在現實世界的使用者，利用螢幕等各種顯示裝置，把各種假想事物和介面疊在現實世界上。這一類的元宇宙可以提供使用者比現實經驗更好的使用便利性。

最近，某些汽車品牌提供的 HUD 技術（Head Up Display），就是擴增實境的代表性例子。HUD 靠著全像攝影，會把從汽車感應器得到的前後車輛資訊，顯示在汽車前方透明玻璃上。

另一個擴增實境代表性例子就是把全世界的人帶出家門的《寶可夢 GO》（Pokémon GO）。它是二〇一六年任天堂與 Niantic 合作的遊戲。當玩家開啟應用程式，把智慧型手機鏡頭瞄準現實世界的某處，透過智慧型手機螢幕、虛擬要素和現實結合的方式，手機螢幕上會出現不存在於現實世界的寶可夢。

擴增實境技術也是電影中的常見技術。無論是全像攝影，或是通過小巧的鏡頭確認各種現實世界的資訊，都是擴增實境技術相關範疇。近年來，擴增實境技術結合無數的產業，應用範疇越來越廣，我會在本書後面詳細介紹。

2. 生命紀錄

第二種類型是生命紀錄型元宇宙，意指使用者把私

人數據數位化，像是身體、感情、經驗和行動，並記錄在數位空間。也就是說，把現實世界發生的事存在數位空間，並共享。

最具代表性的就是社群網站（Social Networking Service，SNS），使用者會在上面創造個人空間和帳戶，記錄各種資訊。像推特以文字為基礎的社群網站，使用者用文字形式記錄自己的想法和當下發生的事；像 Instagram 一樣以照片為基礎的社群網站，使用者會儲存照片和影片。

生命紀錄型元宇宙是由部分現實世界，和部分現實世界所流逝的時間所積累而成的數位世界。使用者從自己更新的貼文和回饋（Feed），能看見一個「人類」所度過的時間，還有那些時間所累積而成的世界。

此外，二〇〇〇年代末期開始，受到關注的運動應用程式也是生命紀錄型元宇宙的代表事例。由於各種感應器及 GPS 等記錄技術的進步與私用化，人們正流行「量化生活」（Quantiftied Self）——將個人的運動表現數位化。運動結束後的滿足感還不夠，人們會把自己流的汗變成數據，方便確認。

耐吉（Nike）推出的跑步應用程式「Nike Run Club」（簡稱 NRC）是最具代表性的運動應用程式。使用者打開

應用程式後，應用程式會透過GPS追蹤使用者跑步路線和距離。假如使用者配戴心跳帶，應用程式還能記錄跑步時的心率變化。

生活紀錄型元宇宙本身不具備元宇宙感，只能記錄，無法通過輸入的東西有所輸出。按現在的標準來看，此一類型元宇宙只是彙整使用者上傳的記錄，讓使用者獲得某些回饋而已。

生活紀錄型元宇宙真正的力量是數據。企業蒐集使用者累積的數據，創造新的商業服務。個人在社群網站上的日常記錄和關注的事物，變成了電子商務（Commerce）的資料。換言之，我所累積的運動數據開啟了「個人化健身服務」的全新商業服務。

假如企業把這些服務和各種元宇宙技術結合，那麼，使用者就能獲得更準確的個人化服務。隨著科技的進步，企業通過生活紀錄型元宇宙所蒐集到的數據也變得更重要。就此角度來看，當經營生活紀錄型元宇宙的企業，能妥善結合其他元宇宙技術時，就可能迎來爆炸性成長。

3. 虛擬世界

虛擬世界型元宇宙是最常見的，大眾所提到的元宇

宙服務大多屬於虛擬世界型元宇宙。它是用圖學技術建構出一個虛擬世界，使用者通過網路連接上該虛擬世界。大家只要想成它不是通過數位技術所建構的現實世界，而是大部分空間都屬於虛擬世界就行了。

在剛接觸元宇宙的初期，大家一定要區分清楚虛擬世界和虛擬實境（Virtual Reality，簡稱VR）的差異。虛擬實境是連接虛擬世界的技術，也可以說是實現虛擬世界的技術。雖說虛擬實境是實現虛擬世界的最先進技術之一，但虛擬實境本身並無法構成一個虛擬世界型元宇宙。

簡單地說明一下，儘管虛擬世界型元宇宙的例子並不少，不過遊戲平台是大眾最常提到的虛擬世界型元宇宙，其中，代表性一例為二〇〇〇年代初期流行的《第二人生》（Second Life），最近人氣高漲的元宇宙平台《要塞英雄》，以及首次公開募股（IPO）成為話題的《機器磚塊》等。這些全都是虛擬世界型元宇宙。大部分通過3D技術所實現的遊戲和社群網站服務都可被歸類為虛擬世界元宇宙。

截至二〇二一年為止，人們多靠電腦、筆電或智慧型手機使用這些服務，而某些服務也能透過PlayStation（簡稱PS）、或Xbox等遊戲裝置使用。然而，這些裝

置的輸出規格全是螢幕或五英吋螢幕，缺乏沈浸感，輸入裝置也只有滑鼠、鍵盤、遙控杆和觸控板。

因為虛擬世界型元宇宙的裝置都是現成的，所以很容易就能實現，但其局限性也相當明顯。虛擬世界型元宇宙並不符合完美元宇宙的條件「沈浸感」，使用者感受的3D虛擬世界和現實世界不一樣。

虛擬實境是解決這個問題的對策。虛擬實境可以用在實現不同類型的元宇宙，而它用在虛擬世界型元宇宙時，效用最大。虛擬實境裝置通常會做成頭盔型的頭戴式顯示器（Head Mounted Display，簡稱HMD），方便使用者戴在頭上，顯示器直接靠近眼睛。輸入裝置也會直接識別使用者的動作。

虛擬世界型元宇宙隨著虛擬實境技術的發展，成為了四類元宇宙中發展最快的。有人預測長期累積的3D內容，結合不斷進化的沈浸式技術「虛擬實境技術」，會最快實現出完整的元宇宙。

4. 鏡像世界

最後一類是鏡像世界型元宇宙。鏡像世界型元宇宙是如實複製現實世界，重現並添加資訊的元宇宙。其特不止複製現實世界的資訊，而是一個「資訊擴展」

（Informationally Enhanced）的世界。

最具代表性的服務是谷歌的 3D 地圖服務「Google 地球」。谷歌於二〇〇四年收購數位地圖測繪公司 Keyhole 後創造了此項服務。谷歌利用 Keyhole 過去收集到的衛星照，把全世界轉換成 3D 空間。在 3D 空間裡按實際形象重現山川、河流和大海等實際地形是這項服務的主要特徵。

再加上谷歌透過 Google 地球（Google Earth Studio）、Google 地球引擎（Google Earth Engine）和 Google 地球 VR（Google Earth VR）等服務，能收集不同時間的空間變化、地形與氣候資料、進行 VR 探訪。在不影響現實世界的狀況下，谷歌能在複製出的虛擬世界上，轉動時鐘，確認地形變化，還能進行氣候模擬實驗。

鏡像世界型元宇宙甚至出現了虛擬世界交易服務，代表性例子有《Upland》和《Earth2》。

《Upland》是二〇一九年上市的鏡像世界房地產遊戲。使用者可以在複製的虛擬世界上，進行房地產投資與交易。二〇二〇美國總統大選當天，《Upland》上拍賣了當時的美國總統唐納・川普（Donald Trump）名下的川普大廈，成為熱門話題。

《Earth2》是二〇二〇年十一月推出的房地產交易

▲ 二○二○年十一月推出的房地產交易平台《Earth2》，劃分全世界，提供虛擬房地產買賣服務。©Earth2.io

平台。它把全世界土地劃分成一個個的磁磚，提供使用者虛擬房地產買賣服務。在現實世界中的高房價區，如韓國首爾狎鷗亭和盤浦洞，在《Earth2》的地價漲幅高達五十倍。

　　近來，鏡像世界的概念正在擴展到數位對映（Digital Twin），即努力地用精密的數位方式複製各種要素，創造出雙生世界。在不影響現實世界的情況下，人們在鏡像世界中進行各種實驗。

　　各大企業與公共機關正積極利用鏡像世界，舉例來說，大企業會複製自己在現實世界的工廠，在鏡像世界進行各種實驗，如此一來，不用中斷實際工廠經營也能嘗試不同的機器配置方式。

　　公共機關也利用鏡像世界管理程式，或制定道路與

建設政策。最近，首爾市推出數位雙生地圖服務「S-Map」。S-Map使用兩萬五千多張航空照與建築物內部照，利用3D技術建構首爾的鏡像世界。3D畫面完美地呈現首爾面貌，細緻到連地鐵站裡的一個滅火器都能看見。

公共機關還打算把S-Map和消防災難本部系統相連。某建築物某樓層或特定區域發生火災時，會觸發消防物聯網（IoT）火災警報器，S-Map地圖會準確顯示火災發生地點，協助人員逃生及消防員滅火。

S-Map的3D資源庫（3D Library）功能，能讓使用者在3D模式重新設計首爾市。就像玩城市建造遊戲《模擬城市》（SimCity）一樣，使用者可以在自己喜歡的地區買大樓、房子和商店街，自行佈置裝潢，也能建設道路和橋樑等基礎公共設施，更可以確認風向與隨著季節和時間改變的日照量。

▎區分模糊類型▎

上面說的是美國加速研究基金會在二○○七年提出的標準，然而，這世上沒有一成不變的標準。這個分類標準是以當時還不存在的技術為基礎，想像和預測元宇宙將來會發展成怎樣，所進行的區分。

隨著科技進步，某些元宇宙因內容和使用的技術不同，從四大分類逐漸走向細分類，類型與類型之間的界限也因科技發展變得模糊。

　　以《ZEPETO》為例。《ZEPETO》使用者主要利用以擴增實境技術為基礎所創造的網路分身，在虛擬世界中進行社群交流。如此說來，《ZEPETO》是利用擴增實境技術的擴增實境型元宇宙嗎？還是說，因為使用者利用虛擬化身在虛擬世界進行活動，所以是虛擬世界型元宇宙？或者是，使用者使用了社群功能，所以是生活紀錄型元宇宙？

　　像這樣子，隨著科技發展和內容多樣化，要把元宇宙特別劃分到某特定類型，並不容易。所以，當我們接觸到元宇宙服務時，想知道它是哪一類的元宇宙，得先確認其特性才行。下面介紹我所分類新元宇宙服務的方法。

　　我區分元宇宙服務的方法很簡單，分成內容和服務。也就是用前面介紹過的元宇宙三要素（現實世界，虛擬世界和沈浸式技術）區分相應服務。如果有某元宇宙服務產生了A內容，使用了B技術，那麼我會想成是「通過B實現A的元宇宙服務」。

　　舉例來說，最近很多人跑步或騎自行車時會用的軟

▲ 家庭健身平台服務《Zwift》會利用感應器收集的各種資訊，讓螢幕中的虛擬分身會按使用者的動作移動。©Zwift

體《Zwift》。它是一種是室內運動模擬服務，會把使用者在室內運動的實際數據，呈現在螢幕上。

　　《Zwift》不僅提供普通運動應用程式或健身服務裡會提供的速度和距離，還會收集特殊感應器傳來的資訊。使用者實際跑了多遠，活動強度，都會如實反映在螢幕上的虛擬分身。也就是說，我跑步，我的虛擬分身也會用相同速度跑；我騎自行車，我的虛擬分身也用相同速度騎行。

　　虛擬分身會在虛擬世界中跑步，跑步背景可以是美國紐約、英國倫敦等。如果使用者選擇奧地利茵斯布魯克為背景，就能在專業跑步選手們進行比賽的路上奔跑；如果使用者選擇倫敦為背景，就能在大笨鐘右轉，

跑上西敏橋，橫跨泰晤士河；如果使用者選擇紐約為背景，就能在中央公園跑步賞日出。使用者和虛擬世界中的虛擬化身藉由感應器（輸入）和螢幕（輸出）裝置互相作用，創造出一個元宇宙。

反之，也會發生這種情況。不同硬體的使用會導致支援功能上的差異。舉例來說，要是使用者的虛擬分身在《Zwift》的虛擬世界中遇到山坡，那麼在現實世界使用者的跑步機或自行車前端就會升起，運動強度加大。簡言之，現實世界中使用者踩踏板會影響到虛擬世界中的虛擬分身的活動，反之，虛擬分身所遇到的各種情況也會影響到使用者。

既然如此，《Zwift》屬於哪一類元宇宙呢？從它會記錄運動資訊方面來看，它是生活紀錄型元宇宙嗎？從它如實呈現紐約和倫敦街景的方面看來，它是鏡面世界型元宇宙嗎？從使用者藉由虛擬化身自由穿梭於虛擬世界的方面看來，它是虛擬世界型元宇宙嗎？像這樣子，要以過去的分類標準劃分現在多樣化的元宇宙服務，並不容易。

所以，我用另一種方式簡單地分類《Zwift》。它是一種能通過感應器與顯示器把運動元宇宙化的技術，是利用某種技術，讓使用者能直觀地看出虛擬世界中哪

些內容與現實世界結合。

　　反過來思考，當我們能觀察出特定企業以何種技術蒐集何種情報，我們就能知道該企業認為的元宇宙是怎樣。

　　試回想二〇二〇年，僅一年的銷售量就創下三千四百萬台，市售量第一的智慧型手機蘋果手錶（Apple Watch）。蘋果公司通過蘋果手錶蒐集使用者的心跳、心電圖、血氧飽和度等各種健康資訊，再整合到蘋果的健康應用程式中，實現數據化。

　　儘管蘋果公司還沒具體表明將如何利用這些健康資訊，不過從蘋果正在開發蘋果AR眼鏡（Apple Glass）的傳聞看來，我們能推測蘋果公司所描繪的元宇宙，是一個通過各種感應器收集健康資訊，所構成的保健健康型元宇宙。

　　蘋果在獲得使用者的同意後，把使用者存在蘋果平台上的健康資訊，加以分析，從而提供以擴增實境或全像攝影為基礎的遠距醫療服務。另外，使用者也能在蘋果公司提供的虛擬世界裡，享受平台根據自身健康狀態所推薦的運動，更能和醫生求診。

元宇宙
是遊戲嗎？

在技術、內容、經營方式方面，元宇宙在遊戲上欠下一屁股人情債，
但並不是所有的元宇宙都是遊戲。

▌認為元宇宙是遊戲的理由▌

「元宇宙是遊戲嗎？」

這是人們最常問到關於元宇宙的問題，而且很多人都搞混了。這個問題一半對，一半不對。雖說遊戲服務和遊戲內容最有潛力發展成元宇宙，但並不是所有的元宇宙都是遊戲。

為什麼人們會誤以為元宇宙是遊戲呢？為了不讓各位陷入元宇宙等於遊戲的陷阱中，我先闡明三個它不是遊戲的原因。

首先，因為大多數的元宇宙服務都藉由遊戲為人所

知，最具代表性的有《要塞英雄》、《機器磚塊》和《Minecraft》。這些所謂的人氣遊戲，坐擁數億全球玩家，而有一半的玩家是元宇宙主要使用者，也就是Z世代（一九九六年到二〇一三年出生）。

其次是經驗。玩家操縱著虛擬世界的虛擬化身、玩家們聚集在一起建立的社群，還有玩家聽過的元宇宙概念及其構成要素，這些百分百會讓人自然而然地聯想起遊戲。玩過大型多人在線角色扮演遊戲（MMORPG）[●]，如《天堂》（Lineage）、《魔獸世界》（World of Warcraft，縮寫WOW）、《永恆紀元》（Aion）等的人，幾乎都認為元宇宙與遊戲有關聯。

上述所提及的遊戲年代範圍廣泛，像《天堂》與《魔獸世界》分別從一九九八年到二〇〇五年開始，除了Z世代之外，現在為社會主要經濟層的世代，也就是對元宇宙感興趣的年齡層，幾乎大多接觸過這些遊戲，所以，他們會自然而然地以自身經驗與知識為基礎，描繪元宇宙的模樣。

最後一個原因是視覺效果。這個原因結合了前兩項

● **大型多人在線角色扮演遊戲（MMORPG）**
Massively Multiplayer Online Role-Playing Game 的簡稱，指幾千名以上的玩家上網連結到同一遊戲，同一伺服器，各自扮演不同的角色的遊戲類型。

原因。元宇宙的根基是虛擬世界，而遊戲通過長期發展的各種圖學技術及空間設計，最能體現華麗細緻的虛擬世界。正因如此，在諸多介紹元宇宙的影片或投影片中，往往會使用遊戲場面為例，這又是另一個經驗造成人們誤解元宇宙就是遊戲的原因。

▎利用遊戲打造元宇宙的技術 ▎

然而，這些原因同時也是遊戲內容與開發遊戲內容的企業，能實現元宇宙的理由。人們之所以認為「遊戲等於元宇宙」，正是因為製作遊戲的歷史長達幾十年之久，遊戲之中增添不少元宇宙要素。

接下來，我們會從技術層面與內容層面，暸解遊戲中結合了哪些元宇宙要素，還有當遊戲完善到什麼地步時，就能成長為完美的元宇宙。

技術層面而言，第一款電腦遊戲何時被開發？時間可回溯到一九五八年。當時美國物理學家威廉・希金伯泰（William Higinbotham）發行了《雙人網球》（Tennis for Two）。

《雙人網球》
遊戲的影片

《雙人網球》和現在的網球遊戲沒得比，在黑色的螢幕畫面上用像素標示出球網與平地，玩家能做的，只

有利用類似操作杆的裝置，不斷地把球打來打去。

《雙人網球》是第一款數位遊戲，卻不是用電腦開發的。儘管當時電腦已問世，但該遊戲是透過示波器（Oscilloscope）──一種能顯示電壓訊號的電子測量儀器所開發的。

儘管現在看起來粗糙，但威廉・希金伯泰使用的是當時最先進的技術，他想找樂子，抱著「能不能利用先進科技和圖學技術，創造出愉悅的娛樂體驗」的想法，開發出這款遊戲。

威廉・希金伯泰曾在布魯克黑文國家實驗室（Brookhaven National Laboratory，簡稱BNL）工作，這款遊戲主

▲ 威廉・希金伯泰在一九五八年開發的世界首款電腦遊戲
　《雙人網球》。© 布魯克黑文國家實驗室

元宇宙必修課

要提供實驗室訪客打發時間。就像現在如果 Google 瀏覽器 Chrome 斷線，人們還能和不斷跑出來的恐龍玩遊戲，玩到重新連線為止。

很多電腦從業人士和威廉・希金伯泰一樣，自然而然地利用電腦開發遊戲，還有，人類對遊戲的基本需求也盡到了一份力量。雖然人們產出了在電腦之上實現另一個世界的技術，但在欠缺具體討論如何利用這種技術的狀況下，遊戲打響了第一炮。

爾後，平面遊戲——2D 遊戲的時代來臨。從某些人的回憶中的機台（Arcade）遊戲，如《太空侵略者》（Space Invaders）、《大蜜蜂》（Galaga）與《俄羅斯方塊》（Tetris）開始，2D 遊戲時代持續到一九九○年代後期。當然，在此過程中，電腦圖學技術精進不止。

一九九八年，當時登場的「虛幻引擎」（Unreal Engine）讓遊戲技術迎來巨大的轉折點。開發《要塞英雄》的埃匹克娛樂（Epic Games, Inc.）開發出虛幻引擎。大家把虛幻引擎想成是整合了開發各種遊戲所需要的軟體套件就行了。

虛幻引擎原本是埃匹克娛樂為了開發第一人稱射擊遊戲《虛幻》（Unreal）所製作的。它提供了多款遊戲，包套賣給許多企業。虛幻引擎促成各種 3D 電腦遊戲陸

▲ 埃匹克娛樂開發的遊戲引擎「虛幻引擎」，是整合了開發各種遊戲所需要的軟體套件。©Epic Games, Inc.

續登場，雖然視覺效果粗糙，遊戲角色的動作很不自然，和現在沒得比。不過，這些遊戲背景不再是2D平面世界，而是以3D虛擬世界的開端。由於遊戲本身的圖學技術升級，個人電腦的圖像處理功能也得隨之升級，因應此一變化，個人用顯示卡，即圖形處理器（Graphics Processing Unit，簡稱GPU），首次登場。

一九九九年，美國半導體公司輝達第五代顯示核心GeForce 256，打著「全球第一個GPU」的廣告標語，輝達個人用顯示卡GeForce系列名被沿用至今，顯示卡至今仍被認為是元宇宙必備品，可說是隨著遊戲產業的發展而誕生的。

二〇〇四年，跨平台遊戲引擎「Unity引擎」的登場，加速遊戲3D技術進程。「Unity引擎」原由Over The Edge Entertainment開發，三名二十多歲的年輕人在丹麥合開了這家公司，等到遊戲引擎正式推出後，才把公司的名字改為Unity Technologies。如今Unity Technologies和埃匹克娛樂正展開遊戲引擎界的冠亞軍之戰。

最近這兩個引擎的技術精進，其創出的虛擬世界，比現實世界更具現實感，能塑造沙子、草、樹葉等物件（object），和隨著時間而改變的日射量及影子模樣，以及創造出波動的浪濤中所反射的陽光。

▍內容如何走向元宇宙？▍

該來談關於用技術體現的虛擬世界和遊戲世界了，我們先看一下哪些要素被加入了遊戲內容中，使得遊戲逐漸具備元宇宙的特性。

隨著圖學技術的進步，早期遊戲已加入虛擬實境背景，不過，這與元宇宙所說的虛擬實境相距甚遠。遊戲背景是一個虛擬空間沒錯，但不足以讓玩家產生那是個新世界的感受。就像電玩《大蜜蜂》的背景雖設在宇宙，但玩家不會覺得自己正展開宇宙之旅。

不過，遊戲中的虛擬世界確實因圖學技術的進步，逐步發展。玩家能連上的背景空間越來越多元，有浩瀚宇宙，也有熔岩沸騰的地底世界。

　　此外，也有很多虛擬世界背景採用鏡面世界，也就是複製現實世界的元素，代表性的遊戲有以第二次世界大戰為背景的第一人稱射擊遊戲《榮譽徽章》（Medal of Honor）。其遊戲背景呈現了諾曼第登陸的主戰場奧馬哈海灘，受到矚目。但畢竟是二〇〇二年之作，圖像技術遠不及今。

　　經過一九九〇年代末期和二〇〇〇年代初期，虛擬實境的遊戲水準不斷地提昇，從 2D 進入了 3D，也增添不少華麗的場面。然而，不是虛擬世界升級，就會變成元宇宙。這時候的虛擬世界仍然欠缺人與人之間的連結，大多為設定一名玩家執行遊戲的單機遊戲，即「我獨自享受虛擬世界」罷了。

　　不過，知名遊戲公司暴雪娛樂——推出《星海爭霸》（StarCraft）、《魔獸世界》和《暗黑破壞神》（Diablo）系列，在一九九六年推出多人線上遊戲平台「暴雪」（Battle.net），一切又變得不同。暴雪（Battle.net）是提供多名玩家同時連接到同一個空間的服務。只有利用網路技術，玩家才有可能同時上線到同一個空間。這就是孕

育出元宇宙的瞬間。

當玩家們聚在一起時，玩家對角色，也就是虛擬分身的互動需求也會增加，當時既有的遊戲卻難以滿足玩家的互動需求，只能點擊如出一轍的設定台詞，像是：「您好」、「請多多關照」、「好的」等，無法傳遞足夠訊息。

等到遊戲增加聊天功能，玩家可以正式交流，遊戲社群也隨之而生，遊戲開始走向元宇宙化。玩家更是開始把虛擬分身視為真人，看著對方的虛擬化身，和對方聊天，建立關係。

此外，以虛擬分身為基礎的社群服務誕生了。這種服務刪去執行目標或狩獵等遊戲要素。第一個代表性的元宇宙社群遊戲就是《第二人生》。

遊戲《第二人生》
預告片

大型多人線上角色扮演遊戲（MMORPG）廣受歡迎，發展速度增加，《網路創世紀》（Ultima Online）是大型多人線上角色扮演遊戲的始祖。《網路創世紀》的玩家能聚在一起，透過工會系統（Guild）創建具有高緊密性的社群。

往後幾年，大型多人線上角色扮演遊戲成為熱門遊戲，靠著華麗的虛擬現實世界和高自由度為基礎，逐步

▲ MMORPG 類型遊戲的始祖《網路創世紀》，玩家們通過工會系統創建具有高緊密性的社群。©Electronic Arts

成長。遊戲本身性質從一定要執行條件和升級等的目標，變身成巨大的虛擬實境平台。

在遊戲中，所謂的「自由度」指的是玩家能按自己的意願控制虛擬分身，四處探險，享受遊戲之外的要素，包括「行動自由」和「選擇自由」等。前者指玩家能擺脫既定路線到處探險，後者則指玩家不被既定目標（或任務）束縛，有選擇行動的自由。

這一類遊戲元素也被稱為「開放世界」（Openworld），顧名思義，這是一個開放的世界，「行動自由」是玩家享受遊戲的先決條件。玩家自由暢遊於遊戲中的大多數

地點，並透過這種連結性去提高遊戲的沉浸度。自由度是遊戲元宇宙重要要素之一，因為虛擬世界型元宇宙是個不受物理限制的世界。

以自由度為基礎，逐漸出現不僅把遊戲當成遊戲，而是享受和其他玩家交流的玩家。最具代表性的例子就是《魔獸世界》的日出事件。在《魔獸世界》中，太陽會隨著現實世界的時間變化而升起，若現實世界中窗外天色漸黑，遊戲世界中的天空也會隨現實世界時間，升起星月。

每年一月一日，《魔獸世界》的玩家會成群結夥出現在能賞日出的地方，一起看新年日出，就像韓國人喜歡去正東津看日出一樣。在《魔獸世界》中，官方也會配合玩家的需求，提供和遊戲進展無關，但能增添趣味的消費型道具，如鞭炮。

迎合這一種氣氛，把傳統狩獵遊戲或其他傳統遊戲，調整為以溝通為主軸的遊戲跟著登場，像是樂線（NEXON）在二〇〇四年推出的大型多人線上角色扮演遊戲《瑪奇》（Mabinogi）。《瑪奇》是玩家在遊戲世界中展開探險為基礎的角色養成遊戲，玩家也可以透過在村莊裡煮菜、烹飪等多種育成方式，替角色升級技術，甚至演奏音樂也能升級為音樂詩人。

像這樣，既有遊戲始於玩家解任務和相互競爭，而隨著玩家齊聚，建立社群，遊戲自然而然地成長為融合遊戲與現實生活的初期元宇宙平台。即，元宇宙過去以任務和解任務為中心，正成長為能進行多元化體驗和溝通的元宇宙世界。

　　這類進化隨著「沙盒」（Sandbox）概念登場，正在加速中。沙盒直白的解釋，就是裝沙子的盒子，如孩子們玩沙子般，玩家自由自在地進行創作的概念。雖然沙盒類遊戲和之前我所說的開放世界概念相近，不過把沙盒概念套用在遊戲（In-game）中，玩家能創作的元素就變得更多。

　　玩家能利用遊戲中提供的道具（Tool），改變地形與創作各種事物，還有可以在虛擬空間製作各式各樣的物件（Objects），進行過去沒有的共感體驗與模擬。最具代表性的沙盒類遊戲《Minecraft》，玩家能在遊戲中獲得各式各樣的建材，打造建築物。

　　沙盒類遊戲的登場打開許多人的創意大門，就像每個人會用自己的方式在社會上創造附加價值一樣，玩家也把遊戲視為生活的根據地，而不是單純的消費。簡言之，遊戲從消費的空間變成生產空間，不但是元宇宙的孵化器，更是奉獻力量，改變了人們的元宇宙概念。

▍遊戲中的經濟，元宇宙經濟的體驗版 ▍

元宇宙經濟，或稱之為虛擬經濟，受益於遊戲而加分不少。遊戲讓人們賦予了無形的資產價值。從網路使用者到大型多人線上角色扮演遊戲玩家，都相當重視裝備道具。假如我擁有比其他玩家更強的裝備，我就能成為更強大的玩家。過去單人遊戲時不重要的部份，現在因技術的進步變得重要。

擁有更好的裝備能獵殺更強大的敵人，能獲得更精良的裝備作為報酬，玩家體驗過這種正向循環，開始尋找更精良的裝備，和其他玩家進行交易。當然，在遊戲中，裝備價值有限，但好的裝備價值正在上升，無形資產也開始被賦予了價值。

玩家一開始用遊戲貨幣交易道具，但僧多粥少，道具價格逐漸上漲，超出玩家通過一般玩法所能賺到的數額。所謂一般玩法是，玩家一天連線幾小時，通過打獵或解任務收集貨幣，即玩家需要投入時間玩遊戲能獲得的數額。

不是每個玩家都能在遊戲上投入大量時間，但玩家也不願放棄增加角色能力的機會，最後，這種需求轉化為現金交易。玩家用現實世界的法幣購買虛擬世界中的道具，如果是現金買不到的道具，玩家就會用現金充值

遊戲貨幣，再用遊戲貨幣購買。

所以說，買賣遊戲道具者大受歡迎。有人願意花大把時間玩遊戲，把遊戲中獲得的道具賣給其他玩家，賺取現實利益。以韓國為準，這種交易的總交易額高達11億5000萬美金。舉例來說，遊戲《天堂》的人氣道具「真冥皇執行劍」就曾以2萬美金以上的價錢成交。

這種現金交易方式當然未經遊戲公司官方許可，且許多遊戲公司視為非法買賣，正在努力根除，方法為導入玩家一獲得道具就無法轉讓他人的系統，或如果發現有不正當的現金交易，立刻停止與其相關的角色及帳號活動。

儘管虛擬經濟和現實經濟有關，不過實際上，它與現實經濟的關連性是隱性的，也因此衍生出道具詐騙之類的社會問題，也曾發生或牽扯到現金交易的玩家之間，互相戕害的危險現實事件。像這樣，我們不能排除現金交易的陰暗面。

不過，最近這種情況有了改變。因為遊戲公司正從提供道具者轉型為平台經營者。

過去的遊戲經濟，是由遊戲經營者，也就是提供遊戲者所提供的道具為中心所實現的交易。遊戲道具的價格是固定的，不過現在正在逐漸轉變，現今的玩家能親

自開發別的遊戲和道具，賣給其他玩家。也就是說，遊戲本身是一種內容，也是一個平台。

遊戲中的虛擬經濟正走向玩家自產自銷。虛擬經濟與現實經濟的連動，也是遊戲公司所準備的對策之一。只要玩家支付一定的手續費，就能把遊戲貨幣兌現。

提供這些功能的平台市場正在擴大，《機器磚塊》就是這一類平台的先驅者，目前有七百萬以上的《機器磚塊》使用者，利用 Roblox Studio 提供的 Roblox 功能，製作出超過五千萬種的遊戲。受益於此，Roblox Studio 的利潤暴漲四倍以上，從二〇一八年的 7,180 萬美元，增加到二〇二〇年的 3 億 2,860 萬美元。

▌元宇宙化的遊戲，遊戲化的元宇宙▐

上述過程中，遊戲的色彩減淡，尤其是標榜「元宇宙遊戲」的遊戲達成了平台化，另外加入社群元素，因此，很難劃分它們究竟是遊戲還是社群服務。第一次接觸元宇宙遊戲的玩家，更是倍感困惑。

舉例來說，打著元宇宙遊戲名號的《要塞英雄》，屬於大逃殺遊戲（Battle Royale Game），玩家之間展開戰鬥，只剩一名生存者，戰鬥才會結束。可是，隨著玩家的需求增加，玩家渴望在虛擬世界互相交流，享受遊戲

世界的本身，是以遊戲中新增加生活、溝通與文化空間——「皇家派對」（Party Royale）。玩家可以在這裡和其他玩家開雞尾酒派對休息，「皇家派對」可視為新增的社群網站功能。

也有相反的情形，那就是在元宇宙社群服務中增加遊戲功能。擁有全世界兩億使用者的元宇宙社群服務《ZEPETO》，於二〇二一年下半年增加開發遊戲功能，玩家能享受其他玩家開發的遊戲，而《ZEPETO》從中抽取利潤。《ZEPETO》之所以做此規劃，應是考慮到遊戲是有效留住使用者的手段。

雖然，遊戲本身並不是完美的元宇宙，但它提倡了元宇宙的概念，也提供使用者熟悉虛擬世界的美好經驗。因為許多元宇宙要素都來自遊戲，而且使用者透過遊戲確認「元宇宙確實行得通」的事實，許多人之所以會覺得元宇宙就像個遊戲，是因為他們所熟悉的元宇宙概念來自遊戲。

不少遊戲都呈現出元宇宙化的跡象，這是由於遊戲公司因應玩家需求，增添新元素所致。遊戲不斷地進行技術與內容的元宇宙化。在技術方面，遊戲公司針對元宇宙代表裝置——虛擬實境裝置，開發相應的虛擬實境遊戲，另外，為了在虛擬實境世界中完美體現出另一個

虛擬世界，正在開發各種圖學技術。

在內容方面，目前市面上仍缺少針對虛擬實境裝置的開放世界類型遊戲，大部分的人氣虛擬實境遊戲停在早期街頭機台遊戲的水準。玩家不進行動作，等待遊戲中的東西找上門，不過，隨著周邊裝置的進步，可預見五花八門的虛擬實境遊戲將於未來登場。

在元宇宙中，虛擬化身會扮演什麼樣的角色？

在元宇宙世界中，代替「我」的虛擬化身，
為了確實地傳達「自我」，虛擬化身的模樣正在進化中。

▌什麼是虛擬化身？▌

　　讓我們來看看元宇宙的另一個元素「虛擬化身」。虛擬化身幾乎是元宇宙必備的要素。當使用者連上元宇宙，創立新帳號時，會被要求建立一個虛擬化身。

　　虛擬化身一詞源自梵文，原是宗教用語，意指人類肉眼所不能見的神，在降臨世間時使用的另一個自我，也就是神之化身，也可以視為處於另一個世界，另一種層次的神，為了在現實世界的人類面前露面所利用的假象肉體。

　　時至今日，虛擬化身所蘊含的宗教意義已經消失，

僅保留原始概念——當人類需要在其他世界露面時，就會利用虛擬化身。

虛擬化身一詞之所以讓大眾留下深刻印象，是因為二〇〇九年上映的電影《阿凡達》（Avatar）。實際上，以現在的標準來說，《阿凡達》很難被分類為元宇宙電影。因為該電影中的人類用精神力連結的是人類身體與外星種族肉體，而不是虛擬世界。電影之所以被命名為《阿凡達》，應是因為人類的精神被移轉至另一個世界的另一個種族的肉體。

其他電影也出現過形形色色的虛擬化身。電影《一級玩家》的主角韋德‧瓦茲登入虛擬世界「綠洲」，就會使用虛擬化身；電影《駭客任務》（The Matrix）的主角尼歐，也是現實世界人物湯瑪斯‧安德森在虛擬世界裡的虛擬化身。

虛擬化身成為元宇宙的元素，是因為首次使用元宇宙一詞的小說《潰雪》中，使用了虛擬化身一詞。小說內容提到，當人們連接虛擬世界元宇宙時，會使用虛擬的身體「虛擬化身」活動。當然，在大眾媒體中，最先使用一詞的並非《潰雪》，而是一九八五年上市的大型多人線上角色扮演遊戲《Habitat》。該遊戲把玩家在虛擬世界中操縱的角色，稱為「虛擬化身」。

現在一般認知的「虛擬化身」，是玩家在數位虛擬世界中展現的另一個「自我」，且虛擬化身會根據不同服務的命名有不同的稱呼。最常見的稱呼為「角色」（Character）。過去韓國線上虛擬社區《Cyworld》的虛擬化身叫「Minimi」。即便稱呼不同，但所有虛擬化身的概念都是相同的，都是根據玩家本人的意志進行行動的「自我」分身。

在元宇宙世界中，虛擬化身取代玩家的角色，在虛擬空間裡扮演著另一個「我」，彼此組成社會，在裡頭生活。玩家也能利用虛擬化身進行對話，抒發己見。

最終，在各式各樣的元宇宙平台上，虛擬化身扮演了輸入裝置的角色。為了操縱元宇宙世界的各種元素，玩家必須控制虛擬化身，和其他虛擬化身互動才行。

▌另一個我，虛擬化身▌

由此可知，虛擬化身不僅僅是個動畫角色，也是告知其他元宇宙世界裡的使用者，「我」的存在媒介。沒有虛擬化身，就很難生存於元宇宙世界中。此外，虛擬化身也是使用者和元宇宙世界裡同事的溝通窗口，更是一種表現自我的手段。

所以說，虛擬化身是元宇宙的起點，玩家必須建立

一個新帳號與虛擬化身，才能連上元宇宙。最能反映元宇宙世界特性——想像力與自由的，就是虛擬化身，大部分元宇宙服務都會提供使用者裝扮虛擬化身的功能。

虛擬化身也有不同的流行浪潮。準確來說，我認為人們對元宇宙的認知變化，也帶來對虛擬化身的態度變化。

就像虛擬化身首見於遊戲中，早期的虛擬化身主要應用於遊戲內容，特別是角色扮演遊戲（RPG）。那時期的虛擬化身並非溝通媒介，而是進行遊戲的道具。玩家藉由控制虛擬化身，達成遊戲目標，所以，當時的虛擬化身被稱為「玩家角色」（Player Character），而不是「虛擬化身」。

在那個時期的虛擬化身的模樣大多是固定的，有系統原始設定，或稱為「預設」（Preset），頂多根據遊戲中的職業有著不同形象，但大致外型是變不了的。舉例來說，儘管虛擬形象的外貌會隨著穿戴的道具有所改變，但玩家無法任意修改體型或膚色等外貌要素。

最具代表性的是暴雪娛樂在二〇〇〇年推出的《暗黑破壞神Ⅱ》（Diablo Ⅱ），在角色生成畫面中，玩家能選擇法師、亞馬遜女戰士、野蠻人等職業，但無法改變角色的外型和性別。同年，西木工作室推出《救世傳

▲ 恩西軟體（NCsoft）開發的大型多人線上角色扮演遊戲《劍靈》（Blade & Soul）中，遊戲角色的生成畫面。©NCSoft

說》（NOJX），玩家能從戰士、幻術士和法師三種職業擇一，並能改變角色的髮色與膚色。

過了二○○○年代中期，玩家能自行改變角色外型的角色扮演遊戲登場，自訂角色（Customizing）——玩家自行修改角色的各種特性，成為當時遊戲的主要賣點。

玩家能修改的基本特性有性別與體型，像是皮膚、身高、臉的大小、腳的尺寸、髮型、眉型、唇色，甚至能調整肩寬與骨盆寬。

當時在網咖裡，隨處可見男性玩家選擇凹凸有致的八頭身女性角色，相反地，也能看見女性玩家扮演選擇

肌肉結實的男性戰士角色，在遊戲中揮動巨大的劍砍殺敵人。

當時玩家對虛擬化身的認知和現在天差地遠，玩家很難把自己投射到遊戲角色中，很少人會覺得虛擬化身就是虛擬世界裡的另一個「我」，充其量是把玩遊戲獲得的成果，或是秀出遊戲戰利品的人體展示模特兒。

不過，隨著元宇宙世界正式到來，大眾對虛擬化身的認知正在改變，「是投影到虛擬世界的另一個我」的認知增加了，因此，最近以玩家的真實長相為基礎製作虛擬化身的服務也大幅增加中。

這些受到歡迎的服務當然不是直接把人臉搬到虛擬化身臉上，而是掃描玩家的臉之後，製作出動畫版。雖然虛擬化身的臉部型態與玩家實際長相大同小異，不過，會多改動虛擬化身的某些特徵，比如說活用眼鏡或髮型等。蘋果公司所研發的「自定個人化大頭照服務」（Memoji）和《ZEPETO》等就是代表性例子。前者以使用者的長相為基礎製作表情符號，後者則利用擴增實境（AR）相機創建角色。

不過，現在的元宇宙服務和過去不同，限制了虛擬化身的身體特性，不管是接近七到八頭身的角色（如《ZEPETO》、《要塞英雄》），或頭部占了身體一半

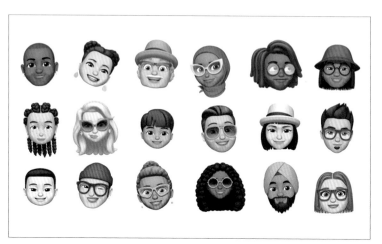

▲ 蘋果公司的自定個人化大頭照服務，以使用者的臉為基礎製作表情符號。©Apple

大的大頭角色（如《Minecraft》），都無法增加身高或調整身形。

　　取而代之的是，許多玩家以自己真實外貌為基礎所生成的虛擬化身，辦到了現實世界中不能做的事，如打洞或染大膽的髮色等，變得更有個性。也是說，相較於塑造一個隔絕於現實世界之外的虛擬化身，玩家更偏好塑造能反映實際自我模樣的虛擬化身。

　　因為虛擬化身畢竟是交流媒介，所以，玩家在替虛擬化身保留個人特性之餘，也會避開過於奇葩的形象。這是為了與元宇宙社會的其他人溝通而作出的選擇，反

映出玩家並不只把元宇宙當成一個遊戲，而是認真以待。

虛擬化身也涉及匿名問題。它只是元宇宙中的一個數位碎片，當玩家登出虛擬世界，虛擬化身也就消失了。就算在虛擬世界闖禍，玩家只要登出就行了，比現實世界更容易消失，即便玩家再次登入，只需要改變虛擬化身的外型，之前闖的禍也就不了了之。

在虛擬化身普及前，匿名早在網路登場之際成為社會問題，代表性例子就是網民藏身網路後進行的網路謾罵與網路性騷擾。時至今日，匿名依舊是一大問題。

不過，匿名也讓元宇宙世界變得更有價值。人們不是通過真實的自我，是透過虛擬化身和他人打交道，能展現出更加果斷與自信的行為。舉例來說，最近韓國SK電信與LG Innotek等大企業的子公司都在元宇宙空間舉辦了虛擬化身新人招聘說明會，幾千名應徵者不受新冠疫情的影響，用虛擬化身出席說明會，並和人事負責人進行了密切交流。

根據某位招聘說明會主辦人表示，應聘者的果敢讓人驚訝。主辦公司在現場準備問答環節，應聘者提出不少犀利問題，包括公司工作環境、公司外部評價，以及公司是否能準時下班，能否實現「工作與生活的平衡」

（Work-life Balance）在內。

在面對面的實體招聘說明會很難提出這些問題，該負責人認為會有這種「世代交替」的現象，很難歸因於MZ世代的特性——「直言不諱」。負責人認為這是「虛擬化身」促成的另類坦率交流。

在校園也有相似情形。某位用虛擬化身講課的大學教授表示，學生用虛擬化身的課堂參與度，比用像是Zoom的視訊軟體上課參與度更高。儘管虛擬化身之間的討論目前僅限於聊天，難免有些手忙腳亂，不過學生都非常踴躍地表達意見。

虛擬化身與實體上課或視訊上課不一樣，學生不用露臉，心理壓力相對減輕，不那麼害怕犯錯。也就是說，虛擬化身反而提高了課堂參與度。

在上述兩種例子中，參與者呈現明顯積極性且表現得體。不露臉增加人們的自信，以虛擬化身互動亦遵守禮儀。

像這樣，人們對元宇宙虛擬化身的認知正在進化，虛擬化身從單純用來享受虛擬世界的工具，變成反映真實自我的化身。許多服務提供以使用者真實照片為基礎製作虛擬化身的服務，這也是為何越來越多人喜歡上虛

擬化身。當人們開始把虛擬化身視為真人時，元宇宙水
準就會變得更高。

究竟什麼是
元宇宙的世界觀？

雖然元宇宙或許是陌生的單詞，
不過「世界觀」其實是人們耳熟能詳的概念，
人們以此為基礎建立關係。

▎所謂的虛擬世界規則與世界觀▎

在遊覽元宇宙世界時，我聽見了所謂的「世界觀」的說法。有人對世界觀一詞耳熟能詳，反之，也有人全然陌生。簡單來說，世界觀就是貫穿某特定世界（Universe）的設定，是小說、漫畫、電影與遊戲的背景架構。

世界觀包羅眾多元素，整個故事——故事線（Storyline）、人物、人物之間的關係與人物的生活方式，都包含其中。實際上，所有的虛構（Fiction）都可以被稱為世界觀。世界觀越細緻，作品完成度越高，使用

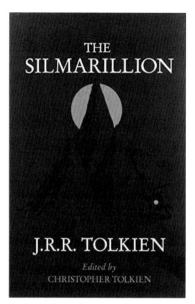

▲《精靈寶鑽錄》是一本專門收集與小說
《魔戒》世界觀相關內容的書。

者對該世界的沉浸度也越深。

　　小說《魔戒》（*The Lord of the Rings*）系列的世界觀是最具代表性的一例。該小說以縝密的架空世界觀聞名，作者J.R.R.托爾金（J.R.R. Tolkien）設定小說裡的種族，有哈比人、矮人與精靈族，並對各種族語言進行細緻設計。在小說中的精靈語實際上可以作為真實的語言使用，後來甚至出版專門蒐集與《魔戒》世界觀相關內容的書《精靈寶鑽錄》（*The Silmarillion*）。

　　除此之外，世界觀在以現代背景所描寫的作品中也

佔有一席之地，因為世界觀有能推動故事進展的高度蓋然性，並有助讀者與觀眾理解人物的行為。這也是為什麼我們常在電影或小說的開頭，看見世界觀介紹。電影愛用以下類似字幕囊括該作品的世界觀：「二○××年，嚴重的環境污染使得地球不再適合人類居住，於是世界聯合政府××派出先鋒隊，搭乘太空船進行宇宙探索⋯⋯」。

再看另一個例子。試想電影《復仇者聯盟》（The Avengers）系列。它的背景設在現代，通常電影背景會設在電影上映的年份，不過，漫威電影宇宙世界觀，包含《復仇者聯盟》在內，卻與現實有落差。漫威宇宙的架空設定是，除了地球之外，漫威電影宇宙裡還存在許多太陽系外的行星，外星種族也是地球上的一份子。

還有，電影《鋼鐵人》的主角東尼・史塔克的史塔克企業，是世界最頂尖的企業。這涵蓋在復仇者聯盟的世界觀中。所以，腦海中被灌輸進復仇者聯盟世界觀中的人，就算看見外星人現身或入侵，都不會驚訝。此外，就算史塔克企業不同於人們身處的現實世界，坐落於紐約市中心，人們也不會感到脫離現實。這全部歸功於世界觀，觀眾必須理解世界觀，才能更投入電影。

在遊戲中，世界觀早已屢見不鮮，不少遊戲以世界

觀為基礎，發展故事情節，新人物登場後，再繼續擴張內容。世界觀有時會被衍生（Spin-off）[*]到遊戲外的副產品，又稱為知識產權（Intellectual Property，簡稱 IP）。架構完善的世界觀代表另一種財富。

《魔獸》系列就是最具代表性的遊戲 IP 衍生事例。暴雪公司利用一九九四年推出的即時戰略遊戲（Real-times Strategy，簡稱 RTS）《魔獸》的世界觀為基礎，後續推出三款即時戰略遊戲《魔獸爭霸》、《魔獸爭霸 II》和

電影《魔獸》(Warcraft) 預告片

《魔獸爭霸 III》，以及大型多人線上角色扮演遊戲《魔獸世界》，更推出了交換卡片遊戲（Trading Card Game，簡稱 TCG）《爐石戰記》（Hearthstone）。不僅如此，暴雪公司還活用知識產權，一口氣推出十篇以上的小說與漫畫，更在二〇一六年拍攝電影。

在電影和小說裡頭衍生作品同樣炙手可熱，來看看小說《哈利波特》（Harry Potter）系列。倫敦國王十字車站（King's Cross Railway Station）本來只是英國一個平凡無奇的火車站，自從在《哈利波特》系列中登場後，朝聖

---

[*]衍生（Spin-off）
指在既有的作品（原作品）單獨發展的作品，此用語主要用於電視劇、電影、漫畫和電子遊戲等領域。

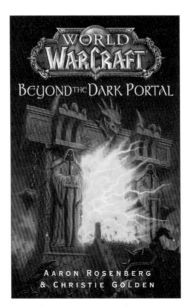

▲小說《穿越黑暗之門》（World of Warcraft: Beyond the Dark Portal）是以遊戲《魔獸》的世界觀為基礎而寫成的。©Blizzard Entertainment

觀光客絡繹不絕。因為小說主角哈利波特與夥伴必須到九又四分之三月台，搭乘霍格華茲特快列車才能前往魔法學校霍格華茲。迄今為止，還有許多遊客與《哈利波特》的書迷尋找著那個神祕月台。

　　人氣火爆的《哈利波特》被影視化，也是知識產權的衍生事例之一。電影製作公司環球影業以同名電影《哈利波特》為基礎，在環球影城中打造哈利波特園區，至今仍吸引無數遊客到訪。

▍元宇宙與世界觀 ▍

　　元宇宙是另一個世界（Universe），所以元宇宙中的世界觀也相當重要，雖然我們還不清楚它會以什麼方式完成並實現，但這會是擴展元宇宙內容的關鍵。越是熟悉元宇宙的使用者，越容易把數位空間視為另一個世界，所以，企業只有建立更縝密細緻的世界觀，才能吸引使用者停留更長時間。

　　所以，對於準備架構元宇宙世界的企業來說，世界觀是重中之重，尤其是必須重視內容消費層面。就長期化來說，以遊戲為基礎的元宇宙也必須架構社群，添加社群網站元素，使之成為完善的元宇宙。但在初期要架構這樣的社群並不容易。

　　剛創帳號的新手玩家，因為沒朋友、沒加入工會或社群，獨自一人，能享受的只有遊戲本身，因此，遊戲要有非常高的完善度，在玩遊戲的過程中，新手玩家會自然而然地和一起解任務的夥伴交朋友，長期下來，便會形成社群。所以說，提供玩家能接受的縝密細緻世界觀，是企業唯一生存之路。

　　儘管如此，我並不是說世界觀對社群型元宇宙沒那麼重要。只不過使用者聚在一起享受社群媒體服務（SNS），也就是社群媒體活動，不足以留住使用者。社

群型元宇宙需要使用者一起建立社群（Community），一起享受，就像和現實世界中的朋友聊天一樣，有共同感興趣的主題，能增加大家的參與度，大家一起享受運動或旅行，才能更享受。

因此，哪怕是為了在社群型元宇宙添加使用者能一起享受的東西，社群型元宇宙也需要世界觀，不增加遊戲，增加一棵讓使用者聚在一起聊天的大樹也可以，要是那棵樹有故事就更自然了。

假如道具或虛擬化身造型能反映出世界觀，會更有魅力。據悉，NAVER正加快腳步準備著。近來，NAVER和經營《ZEPETO》的Naver Z攜手，有意把多個NAVER漫畫IP——先前已改編為電視劇或電影的作品，移植到《ZEPETO》。

網路漫畫人物可以作為遊戲非玩家角色（NPC）●登場，或以該IP為基礎，在《ZEPETO》中打造另一個世界，又或是把漫畫裡出現過的服裝與道具，製作成虛擬化身專用造型或道具出售。

元宇宙世界最近把視線移往進軍元宇宙的韓國流行音樂（K-Pop）藝人。藝人虛擬化身的目標是打造和粉

●**非玩家角色（Non-Player Character，簡稱NPC）**
指不是由玩家控制的角色，在遊戲中能進行一定程度的互動。

▲ 韓國女子組合 Aespa 是由現實世界的藝人和虛擬世界的虛擬化身溝通，雙方一起成長的故事為基礎的組合。©SMentertainment

絲共存的虛擬世界，因此，世界觀也很重要。

最先採取動作的就是SM娛樂，SM娛樂正在架構SM文化宇宙（SM Culture Universe，簡稱SMCU）。SM文化宇宙是通過故事內容展現SM旗下藝人與音樂的項目，始於二〇一一年出道的男子組合EXO。EXO的設定為來自未知星球（Exoplant）的十二名男孩，各自具有控制光、水、風等自然元素力量的超能力。

二〇二〇年出道的韓國女子組合Aespa也擁有獨特世界觀──由現實世界的藝人和虛擬世界的虛擬化身溝通，雙方一起成長的故事。Aespa

女子組合 Aespa 影片

是由4名虛擬化身加上4名人類，共8人組成。

　　還有Aespa的歌詞也反映SM文化宇宙的獨特世界觀。有一條獨自遊盪於「曠野」世界的「黑曼巴」（Black Mamba），妨礙著虛擬化身與人類的連結。SM文化宇宙透過歌詞說明組合的世界觀，或說明這個世界中正在發生的事。

　　歌詞如下：

Yeah-EXO-M，EXO-K，我們開始的未來，History，像那顆太陽一樣，本是巨大的，

Oh，我們同一顆心臟，太陽下，無止盡地成為一體正在變得強大。

I need you and you want me，在這顆名為地球的藍色星體，

Oh, Oh, every, every, everyday 我創造的History。
　　　　　　　　　── EXO《History》部分歌詞

I'm on the next level, yeah!
遵循絕對規則，
不要放開我的手，團結是我的武器，
走入KWANGYA，
我知道你的home ground，
對抗威脅，
戰勝吧，戰勝吧，戰勝吧！
　　　　　　　　── Aespa《Next Level》部分歌詞

韓國男子組合防彈少年團（BTS）也不斷地擴張世界觀，不過他們與從出道就奠定世界觀，與再擴張的SMCU不同。

　　防彈少年團從二〇一五年推出的《花樣年華》（화양연화）三部曲開始，正式建構故事情節——各懷心理創傷的少年們克服艱難時期而成長。通過連續幾張專輯，防彈少年團正在完成這個故事。

　　這個故事被作為防彈少年團與NAVER攜手製作的網路漫畫素材，發行到全球七個地區，廣受十到二十多歲年輕人的喜愛。不僅網路漫畫，NAVER也出版了小說《花樣年華》（화양연화 더 노트1），把收錄在防彈少年團專輯中的短篇故事，擴張成234頁日記式小說，以韓語、英語和日語三國語言出版，引起高度關注。

　　像這樣，無關內容形式，架構明確的世界觀可以被擴張，SM娛樂所打造好的世界，還有防彈少年團的世界觀都能和元宇宙結合，成為一種服務。

　　現在大多數的藝人都藉由元宇宙平台和粉絲溝通，不過，早一步準備好世界觀的藝人與經紀公司更能打造獨立的元宇宙，邀請粉絲蒞臨。

我們為什麼
為元宇宙瘋狂？

只是因為新冠肺炎嗎？
超越實體相遇，創造與表現的空間——元宇宙。

▌元宇宙的重新崛起▐

　　人們為何為元宇宙瘋狂？就像前面看過的，元宇宙不是一個全新概念，早在二〇〇〇年代初期短暫流行過，但未臻完美。因此準確來說，人們為之瘋狂的是「元宇宙的重新崛起」。

　　有些人認為重新崛起的元宇宙是「元宇宙2.0」。為什麼已經成功又失敗過的元宇宙會引起眾多企業覬覦，還有我們正準備連上元宇宙呢？

1. 時代背景

最大的原因是時代背景，也就是從二〇二〇年初到現在讓全世界癱瘓的新冠肺炎（COVID-19）病毒。就連同國人民也被禁止聚會，在家辦公變成企業常態，人們私下聚會次數隨之減少。

人類的交流立足於社會上，所以，面對這種被迫隔絕的情況，人類比想像中更脆弱，無論是公事需求或個人因素，我們終究得和他人溝通和建立關係。作為最終應對新冠肺炎方案登場的，正是元宇宙。

在元宇宙中，人們不用擔心生病或感染病毒，隨時隨地能和他人見面，建立社群，所以人們才聚集到元宇宙。很多提供服務的公司對元宇宙展現極大興趣。

雖說元宇宙遲早都會到來，但新冠肺炎加速它的腳步。二〇二〇年五月，微軟執行長薩蒂亞・納德拉（Satya Nadella）在「Build 2020 開發者大會」上表示：「數位化轉型（Digital transformation）原本需要耗時兩年，現在兩個月內即將要完成了。」這表示新冠肺炎替人類的生活施加了強大的數位化壓力，元宇宙也快速成為壓力之一。

2. 技術背景

新冠肺炎，不是過去失敗的元宇宙能重新崛起，和企業果斷挑戰元宇宙的唯一原因。過去十年大幅成長的沉浸式技術和連結技術，也功不可沒。

小說《潰雪》中描述的元宇宙連結裝備「護目鏡」和「耳機」，有了非常大的進展。高畫質螢幕、高音質耳機與各種周邊裝置齊心協力把使用者拉入元宇宙當中。

裝備也在迅速地普及化中。過去頭戴式VR裝置無法進行高度單獨運算，必須有電腦負責運算，VR裝置只是輸出畫面的裝置。由於使用不便，VR裝置只能成為VR愛好者的玩具，無法發揮更大作用。但現在中央處理器（CPU）和顯示卡微型化，頭盔式VR裝置能獨立處理虛擬世界所需的圖像運算，又被稱為「獨立式裝置」──能獨自運作之意。隨著獨立式裝置普及，人們進入VR市場的門檻降低不少。

而且有高CP值的產品陸續推出，代表性例子有二〇二〇年上市的Meta（原Facebook）「Oculus Quest 2」產品。過去VR裝置價格約落在800美元上下，現在降低到300美元左右，很多人得以購入VR入門裝置。

元宇宙裝置仍在持續發展中。二〇二一年三月宏達

電（HTC）推出的虛擬現實頭戴顯示器「VIVE移動定位器」（VIVE Tracker 3.0），能測量穿戴者手腳的動作。同公司的「VIVE表情偵測套件」（VIVE Facial Tracker），正如其名，能捕捉穿戴者細緻的臉部表情，從嘴唇、下巴、舌頭到臉頰等三十八個臉部要素的動作，並同步反映在虛擬世界的虛擬化身表情上。

二〇一九年5G網路的商用化也是元宇宙復興的要因之一。要想維持3D元宇宙世界，需要遠超於2D網路世界的大量資料。隨著使用者在遊戲中的腳步移動，裝置得不斷地傳送新背景，以及形成虛擬世界的構成要素資料才行。

然而，僅靠既有的通訊技術，難以滿足需求。就連5G網路上一代的通訊技術4G LTE，也很難架構出有逼真感的3D空間。相較於使用者的動作，元宇宙內的虛擬化身反應太慢，產生「延遲」（Latency）問題。幸好5G商用化網路解決了這個問題。

許多企業也得益於5G技術的發展，能挑戰元宇宙內容或服務。因此，儘管新冠肺炎疫情結束時，人們對元宇宙的熱情有可能會退燒，不過推測元宇宙的轉換將會持續進行。

▌崩壞的世界，還有 YouTube▐

人們為元宇宙瘋狂的另一個原因是心理與經驗。人類對理想世界懷抱無限渴望，不顧現實束縛，時時刻刻都夢想著烏托邦社會。

最具代表性的就是人類對遊戲的沈迷。遊戲是最早體現虛擬世界的，並通過虛擬世界實現各式各樣的內容。遊戲研究家暨遊戲設計師簡‧麥高尼格（Jane McGonigal）教授在自己的著作《遊戲改變世界，讓現實更美好！》（*Reality Is Broken*）中提到，人類之所以沉迷遊戲，是因為想替「被破壞的現實尋找對策」的慾望。

這句話的意思並不是說人類為了逃避艱辛的現實，躲入遊戲中，而是玩家在遊戲中被保障了平等機會，齊心協力朝相同的目標努力，付出能立即獲得回報。人們在比任何世界都更精密建構的虛擬世界中，得以挖掘人類的最大潛力。換言之，虛擬世界是人類夢寐以求的理想社會。

反映許多遊戲元素的元宇宙之所以登場，也是同樣的原因。從人們能尊重彼此的個性與自由，實現平等無差別的和平烏托邦觀點來看，元宇宙就是烏托邦。人人都有機會，這個人人都能成為開拓者的世界，就是元宇

宙。

使用者在元宇宙裡累積多樣化經驗，如：創造內容，開拓新世界、在新架構的數位空間中創出新內容資訊，以及彼此分享與消費內容。

這些經驗累積的訓練場域就是社群媒體和YouTube。現今使用者不像過去，只是被動消費企業提供的內容的消費者，也成為了內容創作者。大家會在社群媒體上發文、發照片，獲得他人的關注，和他人溝通，也能從親自拍攝完，細心剪輯過的YouTube影片等獲取收益。人們同時累積了內容消費者與創作者的經驗。

也許這就是為什麼人們更加嚮往元宇宙的原因。在不是2D的網路世界，而是在3D的元宇宙世界，不受任何限制地進行更多的創作活動，躍入元宇宙以滿足表達自我的慾望。

這也是為何沙盒型元宇宙受到歡迎。它能讓人們隨心所欲地創造、破壞，又重新堆積。人類的創作欲和表現欲將會召喚元宇宙來到現實世界，我們將在元宇宙中創出價值，進行經濟活動，進化成新人類。

我們什麼時候
搬到元宇宙？

網路進入人類生活已經五十年，
元宇宙還要多久才會融入我們的人生？

▎才剛開始的移民▎

　　人類在地球上生活超過三十萬年，現在開始移居到虛擬世界，許多人虎視眈眈想搭上正式出航的元宇宙號。投資項目和金錢，四面八方湧入。

　　那我們什麼時候才會搬到元宇宙呢？更具體來說，我們什麼時候才能活在現實地球和虛擬地球之間呢？什麼時候能用在虛擬世界賺來的錢支撐現實世界的生活費，用虛擬世界的工作取代現實世界的工作呢？先說結論，還要幾十年。

　　一九六〇年代，網路技術首次登場，經歷過

二〇〇〇年代的泡沫化，直到二〇一〇年方得站穩腳跟，改變人類生活。我們花了近五十年的時間，才得以自由地把網路技術用於生活中。

現在，我們欠缺能立刻建構元宇宙的沉浸式技術，也就是所謂的元宇宙技術的成熟度尚且不足。我們還無法像感知現實世界一樣，感受虛擬世界中的虛擬要素。Meta執行長馬克・祖克柏是推出「Oculus Quest 2」，引領VR裝置大眾化的代表人物，他預測道：「人類要完全使用智慧型眼鏡（Smartglasses）取代實體聚會的時間，應該是在二〇三〇年。」

即便是進步得最快的VR技術也得等這麼久，更不用說AR技術和其他的元宇宙技術。前路仍然漫長。對此，專家們更提出各種發展標準與階段。簡單來說，就是專家認為現在的技術還有不足之處。

無庸置疑地，未來的發展速度會比現在更快。因為企業也對元宇宙產生了興趣，一旦企業加入投資市場，其資金規模將會遠大於民間消費。根據經濟經營公司埃森哲（Accenture）的預測結果，VR和AR技術的企業市場資金規模和民間消費資金規模分別由二〇二〇年的210億美元與13億美元，增加至二〇二三年的1,210億美元及40億美元，即預見企業市場將增加約134%，民間消

費市場則是約增長69%。

目前的內容也同樣不足，雖然已經出現很多元宇宙服務，可是還沒能撼動現實世界，甚至有很多服務與現實世界斷絕，只是單純地使用了元宇宙技術，把現實世界的要素體現在3D世界而已。不過，內容也一樣會繼續發展，有越來越多的元宇宙平台嘗試把現實世界與虛擬世界相連結。

目前而言，大眾把兩個世界的連結重新聚焦於經濟補償。使用者在虛擬世界進行的經濟活動，能獲得現實世界的報酬。這也一樣會繼續發展下去。或許有朝一日，我們在虛擬世界購買房地產的同時，也會獲得現實世界的房地產所有權認可。這也是大批人潮在虛擬房地產交易平台《Earth 2》上一擲數十萬韓幣，購買虛擬世界中的狎鷗亭洞土地之故。

┃技術的發展和內容高度化┃

在技術發展和內容高度化的兩大主軸上，元宇宙將得以成長，透過像是蘋果手機一樣的創新裝置，再以臉書、Instagram 與 YouTube 一類的大眾平台，將實現量子性跳躍（Quantum Jump）。

現在還沒人知道完美的元宇宙長什麼模樣，新冠疫

情是加速非面對面溝通的中樞因子，讓元宇宙有可能吞噬掉我們所有的生活，過往面對面的交流方式和群聚居住型態，也有可能起變化。因為無論何時，人們只需要連上元宇宙就行了，說不定還會產生超越數位遊牧（Digital Nomad）●的「元宇宙遊牧」（Metaverse Nomad）。

或者，當新冠疫情結束的時候，實體面對面生活型態恢復正常，人們對元宇宙的需求有可能遽減，還有，人們躲在虛擬化身背後的倫理問題也可能被特別凸顯。假如元宇宙成為了一個傳統法律與制度無法控制的社會，那麼它或許會像現在一樣，僅停留在遊戲或供人們找樂子的線上服務。

不過，元宇宙已經滲透到我們生活周遭，像是服裝業不租用市區店面，反而設置元宇宙虛擬展場，消費者能利用 AR 技術試穿衣服，不會買錯衣服。就像亞馬遜提供網路購物劃時代的服務，改變人們的現有購物模式，各種結合元宇宙的產業將在四面八方持續破壞性創新（Disruptive Innovation），經歷此一艱難的過程後，元宇宙終將到來。我們嚮往電影《一級玩家》中的綠洲，更能影響現實世界的另一個世界的數十年旅程，才剛剛開始。

●數位遊牧（Digital Nomad）
指利用能上網的3C產品（如筆電、智慧型手機等），不受限制可在家辦公或移動辦公，過著自由自在生活的人。

元宇宙的根，
沉浸式技術

要創造完美的元宇宙，最終還是真實感。當能夠完美滿足這兩個條件——如同現實世界般的虛擬空間，以及完美融入該空間的我，元宇宙世界就大功告成了。連結虛擬與實境的技術正是沉浸式技術，或稱元宇宙技術。讓我們現在來了解何謂延展實境（XR）技術吧！

METAVERSE

體現元宇宙的
技術是？

元宇宙是只有戴上VR頭戴式裝置才能連上的世界嗎？
想真正了解元宇宙就得了解相關技術。

▌元宇宙和VR、AR▌

　　當談到元宇宙的時候，很多人會問「元宇宙不是要有VR或AR才行嗎？」就算說不出具體名稱，也會描述出「戴在頭上的那種玩意……」，大概說的就是VR裝置。

　　這種說法一半對一半不對。具體而言，在VR和AR還沒有大眾化的現在，元宇宙已經被積極經營著，我們通過電腦和智慧型手機享受著元宇宙技術，在虛擬世界型元宇宙中，進行不受限制的溝通，甚至還能進行經濟活動。

我們現在還不清楚元宇宙的面貌，它最後可能像電影《一級玩家》那樣，也可能像電影《駭客任務》那樣。虛擬世界體現在我們面前的模樣將會一直地改變，當然不排除最後一種可能：我們受限於現在的VR與AR技術，無法更好地發展元宇宙。

無論如何，正如許多人口口聲聲說的，VR和AR是現在很重要的元宇宙技術，人們現在所能想像的元宇宙模樣大多架構在VR與AR的基礎上。在未來的幾年或數十年，我們應該會以VR和AR為基礎，繼續建設元宇宙。

▎支撐想像力的那些技術▎

VR和AR一類的技術稱為沉浸式技術，是架構元宇宙的最重要元素之一。沉浸式技術是幫助人類連上虛擬世界的技術，同時也是創造虛擬技術的重要技術。

可是，不是光靠VR與AR技術就能讓元宇宙受到關注。為了在不同領域建構元宇宙，企業正在發展各種技術，結合這些技術才能讓元宇宙有爆發性成長。

舉例來說，5G網路。5G是連上元宇宙世界和其他人溝通的必備技術。而我們所說的4G，即長期演進技術（Long Term Evolution，簡稱LTC），是過渡到下一代的技

術。5G網路的速度比4G網路快二十倍，反應速度快十倍，且能讓更多人同時連上裝置。

元宇宙因為5G得以實現，許多人能同時連上同一空間，其他架構元宇宙所需的要素也因5G的關係快速進步。

因此，觀察這些技術非常重要，因為這是能判斷事情是否真如我們所想——在新冠疫情結束後，元宇宙還能繼續發展下去的根據。儘管許多人說新冠疫情帶來了元宇宙的爆發性增長，但也有人主張僅止於此，當新冠疫情結束後，元宇宙會像海市蜃樓般消失。

然而新冠疫情不過是元宇宙的加速劑。在過去不同領域所發展出的技術結合成一體，創造出一個名為元宇宙的新世界，顯然，新冠疫情只是發揮刺激與加速的作用。人類早在許久之前就不斷地努力與發揮想像力，試圖克服現實限制，如今，支持人類想像力的技術正陸續登場。

如果我們想真正了解元宇宙，就得了解元宇宙相關技術，了解連上元宇宙的技術、體現元宇宙的技術等。讓我用兩個專業術語區分上述這兩種技術，連上元宇宙的技術稱為「硬體」或「裝置」，指的是使用者連上元宇宙所需的各種機器；體現元宇宙的技術主要是「軟

體」，創造者要透過軟體技術創造元宇宙世界中的要素，供使用者享受，並因應使用者的行為，達到相互作用才行。

簡分這兩種技術，有助我們區別與理解之後的元宇宙趨勢。大家可以想像一下現在的元宇宙是因為什麼樣的技術才出現的，還有當技術更進步時，又會促成什麼樣的元宇宙平台。讓我們仔細看看吧！

PC、主機
和智慧型手機

《ZEPETO》和《機器磚塊》是透過電腦與智慧型手機提供的服務，
在密密麻麻的硬體平台上，元宇宙世界的大門正在打開。

▌以 PC 和智慧型手機為中心展開的理由▌

　　PC、主機（Console）和智慧型手機是連上元宇宙最常使用的硬體技術。元宇宙看似一定得有 VR 和 AR，實則不然。事實上，現在大部分流行的元宇宙平台所使用的裝置都是 PC（包括筆電）、主機和智慧型手機。

　　70%以上的美國青少年最喜愛的代表性元宇宙平台遊戲《機器磚塊》，只提供電腦版與行動版，擁有全球兩億使用者的《ZEPETO》只提供手機服務。另外，銷售量高達兩億以上的遊戲《Minecraft》只提供 VR 服務。

▲ 用 VR 裝置享受的《Minecraft》，目前的大型元宇宙平台中，僅提供 VR 服務的似乎只有《Minecraft》。©Minecraft

　　還有不少元宇宙平台以PC為中心提供服務。雖然有使用VR頭戴式裝置的元宇宙平台提供部分VR服務，但尚未確保大眾性，主要只針對企業用戶。Meta也正準備以VR為基礎的社群服務，不過尚未公開。

　　元宇宙世界之所以從PC和智慧型手機為中心展開，第一個原因是這兩種裝置的普及率高。根據市調入口網站Statista在二○二○年進行的調查，全世界智慧型手機使用總數為35億，全世界44.9%人口正在使用智慧型手機。PC也差不多，全世界有一半以上的家庭家裡有一部以上的電腦。

　　假如我們把範圍縮小到先進國家，這個數字應該會

飆升。對開發者來說，這會有利他們在諸多硬體平台上製作元宇宙內容。

第二個原因為使用者在這些硬體平台上累積的經驗。前面說過元宇宙和遊戲之間的關係，內容創造者能改善遊戲或既有服務，也能借鏡遊戲製作經驗，操控元宇宙世界中的事物及虛擬化身，進一步活用現有資源（Resource）。

站在使用者的立場上，通過 PC 和智慧型手機可以降低進入元宇宙世界的門檻。因為人人都有上網和線上聊天的經驗，也都用智慧型手機和筆電開過視訊會議。這會幫助使用者更好地適應元宇宙。

第三個原因為硬體運算能力不足。運算能力指的是電腦等 3C 產品的計算功能。元宇宙一切事物都由 3D 構成，所以需要比現在更強大的運算能力，假如企業無法滿足這個需求，元宇宙體驗將會支離破碎。

試想，當你使用 VR 裝置聚精會神地享受虛擬世界時，卻出現下載延遲的畫面會怎樣呢？或是我的虛擬化身已經移動到另一個地點，螢幕影像背景卻遲遲沒有下載？或是螢幕一片黑，只有我的虛擬化身俳個在黑暗中？我想大家應該馬上會扔掉那個裝置吧？！

現今仍處於電腦和智慧型手機時代

從這一點看來，電腦和智慧型手機仍有其優點。這兩項裝置都是過去幾年來，慢慢發展成能消化多樣內容的多媒體機器，功能也不斷地升級中。至於硬體會發熱等的問題，各製造商正各盡其能解決問題。

PC可以加大主機大小，安裝散熱風散解決發熱問題，智慧型手機則通過對性能妥協的方式解決問題。可是，當穿戴在身上的元宇宙裝置發熱時，我們要怎麼處理呢？就像某些手機發熱會爆炸一樣，如果戴在頭上的元宇宙裝置爆炸呢？

基於這些原因，短期內元宇宙服務的發展仍會以PC與智慧型手機為中心，有很多內容也是針對這兩種裝置開發。元宇宙無庸置疑地是一個近未來，而專為元宇宙所打造的VR裝置等相關內容正在陸續開發中，不過相應市場還不大。

未來技術的總和，
XR

▶▶▶

無論是什麼方式，元宇宙技術進一步擴張了現實世界，
因此，我們必須了解統稱元宇宙技術的單詞「延展實境」。

▌沉浸感、互動、虛擬想像▐

　　現在我們要正式了解什麼是元宇宙技術。元宇宙技術就是利用各種電腦技術，把具有現實感的元宇宙世界，呈現在使用者面前的技術。建構元宇宙的方式眾多，但目標只有一個，那就是體現電腦世界。因此，這些技術的名稱多半脫離不了「真實」（Reality）。大部分用「～R」結尾的技術都與元宇宙相關。

　　實現元宇宙世界的技術著重在解決三個要素，通常被稱為「3I」——沉浸感（Immersion）、互動（Interactive）與虛擬想像（Virtual Image）。其中，因為要創造出最佳沉浸

感，才能打破現實與虛擬之間的隔閡，所以沉浸感是元宇宙世界最重要的元素，也是元宇宙技術的終極目標。

許多企業集中投資在另外兩項元素——互動與虛擬想像，並活用現今的技術到元宇宙上，開發新技術。

從現今硬體和軟體面來看，元宇宙技術處於混沌狀態，不過，從虛擬想像層面來看，軟體企業占了上風。顧名思義，虛擬想像就是在虛擬世界中創造圖片，供使用者觀看與享受的技術。電腦繪圖（Computer Graphic，簡稱CG）、3D建模技術（3D Modeling），與架構出Unity及虛幻引擎（Unreal）等遊戲引擎的技術，都正在活用虛擬想像中。

相反地，在互動方面，硬體技術受到矚目。因為在虛擬世界中創造出事物，同時發揮互動作用，能夠輸出虛擬世界數據的裝置，還有把現實世界人類的真實行為轉換成數位數據的硬體裝置，是非常重要的。

我們所熟悉的硬體有VR、AR、XR和MR，是介紹元宇宙平台時的常見台詞，像是「以VR為基礎的元宇宙平台」、「以AR技術為基礎的社群服務上市了」等。

大眾通過多種途徑接觸到元宇宙，對這些單詞早已耳熟能詳，不過很多時候分不出差異。雖說這些都被通稱為元宇宙技術，可是學會區分這些技術對了解元宇宙

世界很重要。因為元宇宙世界的種類，會根據它所使用的技術不同而有所不同。

還有，深入了解這些單詞有助於了解元宇宙相關產業。我們不需要熟知每一項技術的功能或規格，僅是懂得區分各種技術的不同之處，就足以幫助我們判斷在哪一種情況得使用哪一種技術。

我們先來看應用範圍最廣的技術「XR」。XR是「延展實境」（Extended Reality）的簡稱。正如字面意思，它指的是用任何方式都能擴展現實的技術，能提供使用者全新的虛擬世界，也能在現實世界添加虛擬元素。

總之，XR是涵蓋所有超越現實的技術的用語，只要是融合虛擬與現實、擴張現實經驗的技術，全都屬於XR。XR會提供使用者特殊沉浸感，讓使用者能透過超越現實的全新方式進行互動與經驗。

所以，XR也被用來統稱元宇宙相關技術。也就是說，不管是用什麼方式所實現的元宇宙，都能被稱為透過XR技術所實現的。事實上，不少預言過元宇宙未來的人們主張XR技術將成為元宇宙的基礎。

▎第四波浪潮，XR ▎

許多人預測XR會像元宇宙改變人們的生活一樣，

將成為改變人類生活的新硬體，如果說第一、二與三代的革新硬體是電腦、網路和行動裝置，那麼第四代將會是XR。

受此影響，人們看好XR市場前景。市調公司P&S Intelligence預測，全球XR市場規模平均一年將增長50%左右，而到了二〇三〇年時，整體市場規模將達到約1兆美元。此外，國際會計諮詢公司普華永道（PwC）也預測，以二〇三〇年為準，全球GDP與工作職位數受到XR的影響，分別增加1.81%與0.93%。

那麼，有哪些技術屬於XR範疇？代表性的XR技術有虛擬實境（VR）、擴增實境（AR）和混合實境（Mixed Reality，簡稱MR）。近來，有些人不刻意區分，全部統稱為「XR技術」。不過，我們如想正確地了解元宇宙，就必須了解每一項技術。

下面我們先區別上述技術。這些技術根據現實世界與虛擬世界的不同而有所不同。右頁圖表是整理與說明。假設最左邊是現實（Reality），也就是我們現在生活的物理環境「地球」。

VR，和現實恰恰相反，是一個徹頭徹尾的虛擬世界，也是利用數位技術打造出和現實世界無關的新世界的技術。在這個新世界裡有很多和現實相仿的元素，供

AR、MR和VR的差異

現實（Reality）	延展實境（XR）		
	增擴實境（AR）	混合實境（MR）	虛擬實境（VR）

使用者體驗環境與情境。

　　相對地，最接近現實世界的XR技術就是擴增實境，即AR技術。顧名思義，「增擴實境」就是加強現實世界的數位元素，以提高人類生活便利性的技術。也就是說，AR是把虛擬事物或訊息和現實世界相結合，令數位元素看似原本就存在於現實世界的技術。

　　MR，結合VR技術和AR技術，展現現實與虛擬世界中的混合元素。使用者可以在虛擬世界進行互動，也可以控制現實世界的事物。當使用者透過VR頭戴式裝置控制虛擬世界的事物時，現實世界的事物也會起變化。簡言之，MR是打破現實與虛擬概念的技術。

　　還有許多XR技術，不過上述這三種是我們最常接觸到的硬體技術。普遍而言，越來越多公司正在開發相關技術。VR和XR裝置多以頭戴式（HMD）●型態，AR裝置則多以眼鏡型態被開發中。

● HMD（Head Mount Display）
使用者戴在頭上，可以直接看見影像的顯示裝置統稱。一九六八年，美國猶他大學的伊凡‧蘇澤蘭博士（Ivan Sutherland）製造了第一個HMD。

創造完完全全的
虛擬現實，XR

XR是把人類與現實世界分離，創造虛擬世界的技術，
那麼VR被認為是XR技術中最先進技術的理由為何？

▌VR設備前路受阻的原因▐

　　接下來我們要看的是XR技術中最先進技術——VR。
VR是Virtual Reality的簡稱，指「虛擬的～」（Virtual）。
從字面上我們能看出，它是一種虛擬世界，或者指稱體
現虛擬世界的技術。

　　VR裝置多為HMD，在使用者兩眼側會設置輸出影
像的小型液晶螢幕，繞著液晶螢幕的邊框會被封死，外
觀也是封閉的。

　　使用者就像坐在電影院座位上，前方有螢幕，周遭
視線被遮住，獨自享受一人電影院的待遇。根據產品款

元宇宙必修課

132

▲ Meta 子公司 Oculus 發行的 VR 裝置「Oculus QUEST 2」，採用遊戲操縱桿的模樣。©Meta

式的不同，有些產品被設計成頭戴式耳機模樣。近來的最新款產品偏好同時提供消費者，能控制 VR 世界的控制裝置。

　　VR 裝置應該是大眾最熟悉的元宇宙設備，介紹元宇宙的影片和照片中的人物，所戴在頭上的大多是 VR 裝置。美國拉斯維加斯年度消費電子展（Consumer Electronics Show，簡稱 CES）的照片中，我們經常能看見戴上 VR 裝置的人各看著不同方向。

　　VR 的核心是把使用者徹底隔絕於現實世界之外，被切斷與現實世界聯繫的使用者，會透過耳機接收構成虛擬世界的各種數位資訊。VR 裝置會把構建虛擬世界

所需的視覺、聽覺與觸覺資訊，轉化為數位資訊，呈現在使用者眼前。

VR裝置被歸類為第五代影像機器。影像裝置的大致分類為，第一代是電影、第二代是電視、第三代為電腦和螢幕，第四代則是智慧型手機等各種行動裝置。作為第五代影像機器的VR，根據要播放的影片不同，用途也會不同。因此，VR可以是元宇宙裝置，也可以只是普通的觀影設備。

要想通過VR裝置正確地體現虛擬世界，關鍵在於隔絕使用者與現實世界，因此，既有的VR裝置技術除了著重於此之外，也著重於加強提高使用者的沈浸感。

大部分的VR裝置都是HMD，把使用者前方視野以及聽覺全然封閉，直接切斷使用者所有的現實感官感覺，使之沈浸於虛擬世界的內容。

最近的新款VR裝置，都會在前方安裝攝影機，讓使用者在需要的時候，不用特地拿下耳機，就能通過攝影機確認外部狀況。這個點子的發想來源是為了克服使用者戴上耳機後，行動受限，無法自由移動的缺點。

VR技術是目前最先進的XR技術之一，也是歷史最悠久的元宇宙技術之一。自一九六〇年代以來，VR就被用於航太模擬訓練。太空人很難直接在宇宙船裡直接

▲ 二〇一六年三星電子 Galaxy S7 公開活動中，Meta 執行長馬克‧祖克柏意外登場，走過了戴著三星 VR 機器的與會者身旁。©Samsung

進行訓練。從一九七七年開始，太空人會透過VR裝置進行虛擬宇宙旅行。

　　從美國資訊科技研究顧問公司高德納（Gartner）所發表的技術成熟曲線（Gartner Hype Cycle）（請見本書第136頁），大致可窺見VR現今的進程。技術成熟曲線分為五階段，分別是科技誕生的促動期（Technology Trigger）、過高期望的峰值（Peak of Inflated Expectations）、泡沫化的底谷期（Trough of Disillusionment）、穩步爬升的光明期（Slope of Enlightenment），以及實質生產的高原期（Plateau of Productivity）。

技術成熟曲線（Gartner Hype Cycle）

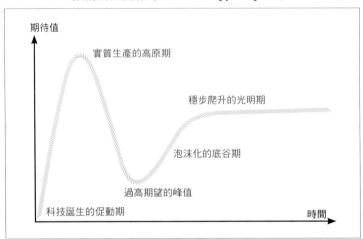

期待值

實質生產的高原期

穩步爬升的光明期

泡沫化的底谷期

過高期望的峰值

科技誕生的促動期

時間

資料出處：Gartner, Inc.

　　VR 處於五階段中的第四階段，即穩步爬升的光明期。根據高德納的說明，此一階段是技術已進入穩定期，開始回收市場利益的階段，有不少公司正在加碼投資。這如實反映了 VR 裝置隨著元宇宙的盛行，正在高速擴散中。

　　假如 VR 加快擴散腳步與技術發展速度，則將進入第五階段「實質生產的高原期」，意思是，就像現在人手一隻智慧型手機一樣，人手一個 VR 裝置的日子即將到來。高德納認為二○二二年就能迎來這種日子，隨著市場需求的增加，市場會自然地成熟。

悠久的歷史，VR設備

在網路漫畫平台上，以VR遊戲為創作素材的作品大受歡迎，印證了VR的大眾性。二○一六年，NAVER平台上的金勢勳（김세훈）漫畫家的連載作品《熱練戰士》（열렙전사）就是代表性作品。該網路漫畫的背景設為使用VR機器的虛擬遊戲《清醒夢大冒險》。

從二○二一年七月開始於NAVER連載的網路漫畫《我獨自升級》（나 혼자만 레벨업），正是改編自小說家Maslow的同名原著網路小說，其背景同樣設在以VR HMD連上的虛擬世界「試煉之塔」中。這些與VR相關的作品逐漸高漲的人氣，側面證明了大眾對VR裝置與內容的關注。

VR的擴張歸功於技術的爆發性增長。在漫長的歷史中，很多人多次挑戰把VR裝置大眾化，卻屢戰屢敗，其技術無法滿足市場需求。在技術和大眾性都不足的情況下，媒體內容公司興趣缺缺是當然的。

最近一例是二○一○年初中期，全球科技企業推出的DIY（親自動手做，Do It Yourself）形式的HMD，其中最具代表性的HMD產品，就是谷歌開發的虛擬實境眼鏡「Cardboard VR」。顧名思義，使用者可以透過紙板製作屬於自己的VR眼鏡。雖然成品會隨使用者使

▲ 谷歌的 Cardboard VR，顧名思義，是使用者用紙板製作的簡易型 VR 眼鏡。©Google

用的材質差異而不一樣，不過實際上看成是一次用產品就行了。

　　Cardboard VR雖由谷歌親自生產，但其實谷歌只是提供了製作好的圖紙，就像小時候我們在美術課使用的圖紙一樣，使用者只需要依圖剪下，黏貼起來，就能完成。換言之，使用者只需要在瓦楞紙箱上增加兩個凸透鏡，就能製作出簡易型的VR裝置。

　　使用者用智慧型手機取代螢幕，把手機插入裝置中，播放VR內容就能享受觀看樂趣。與此同時，在如YouTube等的某些影片平台出現了少量VR影片。不過，Cardboard VR最終因為耐久性問題、智慧型手機過

熱問題，以及影片延遲問題等，並未獲得人氣。在Cardboard VR之後，也出現過各式各樣不同型態的智慧型手機插入式VR裝置，不過未能發光發熱。

除了把智慧型手機插入VR裝置之外，其他公司也致力推出其他型態的VR裝置，像是韓國三星電子、目前被Meta收購的Meta Oculus公司，以及台灣的宏達電（HTC）。然而，這些產品有自己的致命缺點，那就是電線，即數據線。

為什麼3C產品有數據線會是致命缺點？因為數據線會限制內容多樣性。VR必須在螢幕上同步播放虛擬世界的影像，只要數據稍有延遲，使用者的沉浸感當然就會咻地下降。

問題是，VR裝置只比智慧型手機大一些，不足以應付電腦數據運算，直到不久之前，使用者要使用VR裝置，就一定得接上桌機才行。換句話說，由桌機負責處理實現虛擬世界的所有運算，VR裝置則負責播放。VR裝置成了桌機的外接式裝置，只是專門播放VR內容的螢幕。

此外，電池也面臨問題。因為VR頭戴式裝置必須戴在使用者頭上，但如果考慮到電池的性能而放入高容量電池，使用者難以承重。

然而，自從獨立式（Standalone）VR頭戴裝置於二〇一八年登場後，情況有了轉變。正如字面意思，VR裝置成為了獨立存在的機器，就像電腦和智慧型手機一樣，獨立式VR頭戴裝置中插入類似智慧型手機的應用處理器（Application Processor，簡稱AP），運算能力得到大幅提升，電池容量果然也增加了。

　　隨著數據線的消失，使用者的手獲得了自由，能戴著VR裝置，邊用空出來的手去做別的事，VR手把因此（控制器）應運而生。使用者不再停留在只能用眼睛欣賞VR世界，還能利用VR手把進行操作，不用擔心扯到數據線。VR世界終於有了輸入裝置。

　　VR內容也隨著輸入裝置的出現，產生巨大改變。過去使用者只能觀賞VR內容，像是看電影、影集或瀏覽某些內容，不過，VR手把的出現，各種互動式內容湧現。使用者可以利用手把操作VR世界中的事物。

　　VR節奏遊戲《節奏光劍》（Beat Saber）為代表性案例之一。它必須靠Meta發行的「Oculus Quest2」才能驅動，使用者透過手把在虛擬實境場景，伴隨音樂節奏準確地攻擊飛來的方塊。這跟過去在電玩遊樂場受到大眾喜愛的勁爆熱舞

《節奏光劍》
的遊戲畫面

▲ 《節奏光劍》是靠 Meta 推出的 VR 裝置「Oculus QUEST 2」驅動的 VR 遊戲，也是目前與「Oculus QUEST 2」搭配的內容中，創下最高收益的遊戲。©Beat Games

（Dance Dance Revolution，簡稱DDR）遊戲相似。手把會辨別使用者的手臂位置，讓使用者得以在虛擬世界中揮舞光劍，砍落方塊。

像這樣，技術的進步正讓VR需求出現爆發性的增長，尤其是繼獨立式Ｖ頭戴裝置與手把之後的後續輸入裝置的登場，更是大幅提高VR的活用度。雖說現在遊戲等內容不斷地出現，不過，VR輸入裝置的應用已經開拓到其他產業，像是虛擬辦公室（Virtual Office）與虛擬工廠（Virtual Factory）等等。

┃VR該走的路┃

　　儘管如此，VR技術要真正地站穩腳跟，前路仍

遠。最關鍵的問題就是螢幕解析度。解析度是指圖像呈現在螢幕上的清晰度。當螢幕基本解析度越高，輸出的畫面自然越清晰。

現在成功大眾化的VR頭戴裝置「Oculus QUEST 2」的解析度逼近4K，約為800萬畫素，所謂的毛孔都能看得一清二楚的技術。這種解析度適用於最新款電視，使用者將能用眼前的最新款電視螢幕，一探虛擬世界。是比想像中還要高的解析度。

然而，人眼解析度介於九千萬像素到一億兩千萬像素之間，換算成技術數據，約是4K UHD解析度的十五倍，也就是說，解析度好到讓使用者的眼睛無法區分眼前的是虛擬世界還是現實世界，現有技術還需要提高十五倍才可能辦到。

實現虛擬世界不僅需要提昇螢幕技術，也須提昇能體現虛擬世界中事物的3D技術。全球科技企業，包括Meta與輝達等都竭力投資技術開發，以解決此問題。

當然，圖學技術的發展不僅為了元宇宙，假如圖學技術也能在不同的產業上獲得發展，得到提昇的新技術又能反過來，再次推動元宇宙技術的進步。觀察要怎麼活用VR技術，才是最重要的。

像現實一樣的虛擬，
AR

在現實基礎上增添虛擬要素的AR，
雖然AR技術的發展較VR技術晚，但活用度較高。

▌改變現實的技術，AR▌

　　AR技術和VR技術被認為是重要的元宇宙技術。AR的全名「擴增實境」（Augmented Reality），也就是意味著「增加」或「增添」的英文單詞「Augment」，和意味著「現實世界」的英文單詞「Reality」所合成的。AR的意思是不限任何方式實現被擴張的現實世界。AR和VR一樣，帶來了一個新世界。

　　既然如此，AR是如何擴張現實世界的呢？ AR把虛擬世界的事物或資訊增添到現實世界。即在物理空間裡加入資訊化的人工物（Information Artifacts），使得物理空

間的性質本身生變。

　　我們所生活的現實世界本身的性質是會變化的，以大範圍區分時，AR技術和VR技術都被歸類為XR，但兩者對於現實世界的方向性，截然相反。VR的前提是和現實世界全然地隔絕，相對地，AR技術的前提是緊密連結起現實世界與虛擬世界的元素，所以，如果把XR區分成和現實世界具有類似性的技術，那麼它也可以被認為是和VR正好相反的技術。

　　AR技術的發展階段為何？AR和VR一樣，用高德納技術成熟曲線區分的話，停留在第三階段「泡沫化的底谷期」，即大眾對技術的期待提高，AR卻沒有足夠的技術能力和內容以期因應大眾的期待，導致關注度下滑的階段。事實上，高德納企業的二○一六年報告預言，AR技術到了二○二○年將成為主流技術，不過，這件事尚屬空口之言。

　　雖說AR技術發展速度緩慢，不過它仍然是人類想像中使用最廣泛的元宇宙技術，尤其是在如電影等多媒體裡頭，AR技術作為尖端技術頻繁登場。舉例來說，電影《金牌特務》（Kingsman）裡頭特殊要員戴的眼鏡，便是AR技術應用之一。

　　該眼鏡從表面上看來，像是英國眼鏡品牌Cutlter

▲ 在電影《金牌特務》中登場的特殊要員戴的眼鏡，在戴眼鏡的狀態下，能看見以全息投影出現，實際人不在現場的要員們。©21st Century Fox

and Gross的膠框眼鏡基本款，它當然非常好看，可是當配戴者按下按鍵時，在現實世界中就會呈現虛擬要素。比方說，當特殊要員看著敵人，鏡片上就能呈現敵人的個資，還有身上是否持有武器；在金牌特務大本營會議室裡，配戴者看著空椅子，實際沒到場的要員們會以全息投影的方式出現與會。看起來開會成員有十名，但實際的會議室裡只有主角一人在場。

　　不僅僅是《金牌特務》，還有《鋼鐵人》等超級英雄系列電影，都愛用AR技術。在《鋼鐵人》裡，鋼鐵人靠著鋼鐵裝中的頭盔特殊鏡片看著世界，在鏡片上會即時顯示出導彈飛行速度、敵人的行動路線等各種訊

息。當鋼鐵人安東尼・史塔克囑咐人工智慧祕書「賈維斯」時，賈維斯就會把資訊呈現在螢幕上。

還有，鋼鐵人不會坐在實驗室電腦前，而是使用全息投影技術的螢幕，通過手勢放大和縮小螢幕進行其研究。當鋼鐵人打開手臂時，各種機械裝備就會擴大。當他合起手臂時，裝備就會自動組裝。鋼鐵人能任意操縱現實世界中的虛擬元素，就是一種先進的AR技術。

其他電影也出現過主角任意操縱現實世界中的虛擬螢幕的畫面，像是二〇〇二年上映的電影《關鍵報告》（*Minority Report*）。湯姆・克魯斯（Tome Cruise）飾演的主角約翰・安德頓在辦公室內確認犯罪者資訊時，許多資訊隨著他揮舞的手忽隱忽現。

AR也許能說是讓平凡人變身超級英雄的技術之一吧。我們終究得活在現實世界中，AR卻能豐富與精緻化現實世界，這也是為何AR技術會以先進科技之姿，現身無數的電影和小說中。它刺激了許多人的想像力。

不過AR技術未必僅止於想像，我們在現實生活中處處都可見到AR技術裝置，實際上不少人認為AR技術已經進入了高德納技術成熟曲線的第四階段「穩步爬升的光明期」。

▎正在融入我們人生的AR▎

抬頭顯示器（Head-up Display，簡稱HUD）是最具代表性的AR技術事例。它能在汽車前玻璃窗顯示資訊，讓駕駛人不用放低視線或低頭看儀表板，也能確認駕駛資訊。

抬頭顯示器還能連上導航系統，在汽車前玻璃窗顯示出行駛路線、道路交通標誌的訊息、還有駕駛輔助資訊等等，讓駕駛人在注意前方路況的同時，能看見這些訊息。假如駕駛人打開高級輔助駕駛系統（Advanced Driver Assistance Systems，簡稱ADAS），就能把車輛附近的車流顯示於玻璃窗前，以掌握路況。

電動車與電動車零件與裝置相關企業，如現代摩比斯，正致力於開發AR技術，現在的HUD可以說是AR初期技術，企業正努力於HUD上顯示更多的資訊，像是把3D虛擬資訊覆蓋於現實世界的道路上，預計不久的將來，汽車玻璃窗上會出現駕駛人必須知道的各地即時路況資訊。

AR技術也被廣泛使用於某硬體平台，就是智慧型手機。智慧型手機安裝的高畫質攝影機，與能將攝影畫面輸出的高畫質螢幕，符合體現AR技術的完美條件。儘管我們現在還不能像電影《鋼鐵人》一樣，讓資訊出現於眼前，也無法像電影《關鍵報告》一樣，用一個手

▲二〇一七年席捲全球的遊戲《寶可夢 GO》，是一款讓玩家在鏡頭顯示的現實世界中，尋找體現應用 3D 技術創造的寶可夢的遊戲。©NIANTIC

勢就能召喚想要的資訊。不過，利用智慧型手機的AR技術正在增加。

二〇一七年席捲全球的遊戲《寶可夢GO》（Pokémon GO）是應用AR技術的最具代表性服務。NIANTIC公司──靠GPS為基礎的AR內容專業公司，從任天堂（Nintendo）取得寶可夢的智慧財產權（Intellectual Property，簡稱IP）後製造出這款遊戲。

原本的寶可夢遊戲玩法是，玩家在遊戲中走動時收集遇到的寶可夢，再利用寶可夢展開戰鬥的遊戲。《寶可夢GO》把遊戲舞台從遊戲中的虛擬世界，搬入現

實。玩家在現實世界中看著智慧型手機，要是手機地圖上出現了寶可夢，手機相機就會啟動AR技術，把3D型態的寶可夢顯示在手機螢幕上。

　　儘管寶可夢不存在於現實世界，但是通過智慧型手機螢幕所顯示的現實世界中出現了寶可夢，比方說在草叢或路中間會出現寶可夢。收集這些寶可夢就是《寶可夢GO》的主要目標。

　　《寶可夢GO》運用谷歌地圖及GPS，讓屬性條件吻合的寶可夢登場，更增加遊戲的樂趣。比方說，電屬性的寶可夢「霹靂電球」與「小磁怪」多出現在電塔或電線桿附近，而水屬性的寶可夢「鯉魚王」和「蚊香君」經常出現在漢江等水邊。

　　AR技術除應用於遊戲之外，也應用於內容，如智慧型手機上的各種相機應用程式，代表性一例為NAVER子公司SNOW推出的同名應用程式「SNOW」。用過像SNOW這種應用程式的人，應該知道內建人臉合成貓耳朵或狗鼻子等的自拍模式。如果拍影片，也能合成手。應用程式會根據使用者的面部表情、手部動作，把虛擬要素準確地合成在使用者的眼睛、耳朵、嘴和手上。在現實背景（使用者的臉）上添加虛擬要素（貓耳朵）的技術，相當吻合AR技術的定義。

▲ NAVER 子公司 SNOW 推出的同名應用程式 SNOW，以 AR 技術為基礎，在自拍模式中提供人臉合成貓耳朵或狗鼻子等元素的功能。©SNOW

　　全球擁有十億名使用者的Instagram也有相同功能——「臉部濾鏡」（Face Filter）。使用者啟動相機功能，選擇想要的濾鏡，便能啟動多種AR功能，像是臉部會出現熊熊燃燒的火焰，或是頭頂撒落閃耀的光芒。

　　使用AR技術的臉部濾鏡也能準確地辨識人臉，假如同時有兩三個人出現在鏡頭裡，AR也能準確地在每個人臉上都體現不同的效果。反之，如果是只改變背景的濾鏡，則利用人臉辨識技術，辨識出人臉後更改背景。就算人臉四處移動，背景也會自然地調整。

　　上述這麼多的AR內容都以智慧型手機為基礎，這使得智慧型手機成了AR的重要裝置，吸引不少製造商

的踴躍投資，像是蘋果公司於二○二○年推出的iPhone 12的高階機型iPhone 12 Pro與iPhone 12 Pro Max，就安裝了光學雷達掃描儀（LiDAR）。

　　光學雷達掃描儀是一種通過鏡頭朝目標照射一束光，接收反射信號，藉以測量目標距離資訊的技術。它結合了反映幅度、距離與高低的三維點，輸出目標的形象資訊，主要安裝於自動駕駛汽車上，這次卻被蘋果公司特別搭載在手機上。手機利用光學雷達掃描儀能更精密地描繪現實世界。

　　iPhone 12利用光學雷達掃描儀，能更準確地結合現實世界中的虛擬要素，並輸出到手機螢幕上。玩家在玩《寶可夢GO》的過程中，有時會遇到寶可夢和欄杆

▲ 蘋果公司的 iPhone 12 Pro 與 iPhone 12 Pro Max 搭載了光學雷達掃描儀。©Apple

或路燈上重疊顯示的狀況，這時候，假如利用能更精準描繪現實世界的光學雷達掃描儀，虛擬元素出現的位置會更準確。

隨著以智慧型手機為基礎的AR服務相繼登場，谷歌和蘋果等不少智慧型手機巨頭企業也開始建立相關生態體系，打造讓開發者更容易開發AR服務的軟體套件，像是谷歌推出的ARCore，以及蘋果推出的ARKit。

開發者利用這些軟體套件，可以輕鬆地開發AR服務，還能在谷歌的Google Play或蘋果的App Store進行銷售。站在支配智慧型手機系統的兩大巨頭的立場上，能在自己的生態體系中累積各種AR服務，是筆賺錢的買賣。它們還能利用這些軟體和資訊為基礎，強化自家的AR硬體裝置性能。

經營Instagram的Meta推出的「Spark AR」也受到矚目。Spark AR是根據前述說明的Instagram的AR功能「臉部濾鏡」所開發的應用程式。每個人都能按自己的想法開發臉部濾鏡，並公開於Instagram。

許多企業利用它創造專屬濾鏡，使用者在拍照時可以合成為該公司吉祥物的模樣，或在背景添加品牌相關的虛擬元素。使用者能用品牌專屬濾鏡拍照，並分享出去。如今也陸續出現了專門協助製作類似項目的企業。

▍AR裝置為什麼做成眼鏡的模樣？▍

雖然智慧型手機是目前主導AR技術的硬體裝置，不過現在出現了某些變化徵兆。企業正在開發類似VR技術所使用的頭戴式顯示器的AR裝置，據悉，開發中的AR裝置為眼鏡型態。

AR技術的特徵是在現實世界的基礎上結合虛擬要素，即使用者必須能清楚地看見現實世界，把虛擬要素添加在現實世界的背景上。因此，AR HMD不同於前面與旁邊視線都被擋死的VR HMD，得讓使用者看見前方。所以，AR HMD很有可能以能體現虛擬要素的螢幕，也就是以帶鏡片的眼鏡型態，走向大眾化。

還有，眼鏡型態的裝置能讓雙手自由。在VR裝置變成無線之後，能進一步提高AR HMD活用度。就像內容越來越多樣化一樣，當AR技術和眼鏡型態的AR硬體結合時，活用度就會增加。因為使用者不用再特別打開手機相機，到處瞄準現實世界，能直接用語音指令或簡單的觸碰顯示自己需要的資訊。

實際上，谷歌在二〇一二年已推出AR眼鏡「谷歌眼鏡」（Google Glass）。谷歌眼鏡在空盪的眼鏡鏡框一角，安裝四方形的液晶與運算裝置，使用者

谷歌眼鏡的影片

▲ 谷歌在二〇一二年已推出 AR 眼鏡「谷歌眼鏡」，在眼鏡鏡框一角安裝四方形的液晶與運算裝置。©Google

能通過語音操作谷歌 Now、谷歌地圖、谷歌 Plus、Gmail 等的谷歌應用程式，也能使用生產性應用程式 Evernote，紐約時報應用程式等等。

　　因此，谷歌眼鏡甫上市時被《時代》（*TIME*）選為二〇一二年最佳發明之一。谷歌也在網路開發者年會（Google I/O）按訂購先後順序銷售，單價 1,500 美金，兩千件谷歌眼鏡，被搶購一空。

　　然而，谷歌眼鏡在大眾化上吃了敗仗。價值不菲固然是個問題，還有它與普通眼鏡明顯不同的模樣，讓許

多人覺得「很可笑」。若戴著谷歌眼鏡，人們看待他們的視線並不友善。另外，不少人批評：「那難道不是違法拍攝裝置嗎？」在實際配戴谷歌眼鏡的使用者中，也經常出現這一類的誤會。

谷歌不斷地升級谷歌眼鏡，但它瞄準的客戶群不是大眾，是企業，尤其是針對有AR眼鏡的需求的第一線製造人員。谷歌從二〇一七年以第一線人員為對象，販售「谷歌眼鏡企業版」，直到二〇二〇年才開始販售個人版，不過入手門檻仍高，一支要價1,200美元。

二〇二一年底或二〇二〇年成為AR裝置的轉折點，因為其他大型科技公司所開發的硬體裝置將陸續上市。儘管AR技術尚未成熟，這些公司推出的產品完成度有可能不高。然而，有谷歌的失敗作為借鏡，這些科技公司的硬體裝置也許會比谷歌的產品更具大眾化。

首先是Meta。先前Oculus Quest 2的上市改變了VR市場版圖，因此，人們好奇Meta的AR HMD是否也會造成AR市場的衝擊。二〇二〇年九月十七日，Meta執行長馬克・祖克柏在為了XR開發者所舉辦的年度會議（Facebook Connect）活動上，宣布Meta將研發AR智慧型眼鏡（SmartGlass）的消息。

Meta宣布與旗下擁有知名眼鏡品牌雷朋（Ray-Ban）

的羅薩奧蒂卡集團合作。根據 Meta 的說明，這款 AR 智慧型眼鏡會跟智慧型手錶一樣，成為人類移動穿戴裝置之一，並有其他附加功能，如：通過感應器蒐集資訊、取代既有螢幕、具有 AR 技術等等。

據悉，開發 AR 型眼鏡的項目稱為「Aria」，外媒報導提到 Aria 項目預計於二〇二一年年末，提供 Meta 內部相關研究人員該款智慧型眼鏡。

只不過該款眼鏡不會搭載 AR 功能，也不會立刻對外上市，僅為 Meta 收集製作 AR 智慧型眼鏡相關硬體和軟體的資訊的工具。即 Aria 項目的規劃是，先讓 Meta 內部員工在日常中使用試用版的智慧型眼鏡，蒐集相關資訊後作為研究之用。至於實際成品預計於二〇二五年左右上市。

此外，蘋果公司將推出 AR 眼鏡。蘋果公司在二〇二〇年五月收購 NextVR。NextVR 是一家體育、娛樂內容串流媒體的新創企業。許多人預測這是蘋果替擴大硬體生態體系的積極布局。

證實上述預測的傳聞出現了。對此，向來對蘋果公司走向有著高預測率的香港 IT 分析師郭明錤，在二〇二一年三月七日針對這些傳聞給出的回應是，蘋果公司將於二〇二〇年推出 VR 與 AR 頭戴式裝置，到

二〇二五年，蘋果將會推出 AR 眼鏡。郭明錤具體提及該裝置的重量，與配置於裝置上的螢幕供應商名稱。根據這些傳聞，還有蘋果公司收購 NextVR 的動作來看，郭明錤認為蘋果有很高的機率會推出 VR 與 AR 的綜合型裝置或 AR 裝置。

郭明錤的分析特別之處在於，他認為蘋果會先推出 VR 與 AR 的綜合型裝置。從他的分析，我們能看出蘋果公司的意圖。相較於尚未成熟的 AR 市場，蘋果公司認為 VR 市場內容豐富，而且硬體技術已有一定基礎，在 VR 根基上添加 AR 要素的硬體較保險，到了二〇二五年，AR 技術能確保一定程度的大眾化時，再推出獨立的 AR 裝置。

儘管三星電子公司尚未正式公布消息，不過由專門爆料科技最新消息的網站 Tipster 所公開的三星電子影片看來，有人推測三星電子也將推出 AR 眼鏡。無庸置疑地，科技巨頭紛紛躍入 AR 眼鏡的開發市場氣氛某種程度上影響了三星電子。三星電子目前沒有特別否認此傳聞。

據推測，該影片是做給三星電子內部人員看的概念藝術（Concept Art）影片。內容非常具體。從影片中，我們能看出三星電子 AR 眼鏡的型號有兩種，一是「AR

Glass Lite」，一是「AR Glass」。有著大鏡片的膠框眼鏡外型，和人們平常作為時尚單品所配戴的膠框眼鏡差不多。

AR Glass Lite不僅支援虛擬畫面，也能透過三星電子智慧手機Galaxy Watch被操作，支援行動媒體、DeX Display、影音通話、墨鏡模式，還有操縱第一人稱視角的空拍機功能。三星AR Glass則支援AR辦公室、全息投影電話，以及AR模擬等功能。

我們所能想到的AR功能大部分都涵蓋其中，說不定幾年後，我們在日常中就會經常使用《鋼鐵人》的頭盔和《關鍵報告》的虛擬螢幕等功能。

消弭現實和虛擬的界線，MR

結合 VR 和 AR 優點，Mixed reality，
MR 徹底改變產業第一線的方法是？

▌兼具 VR 和 AR 特色的 MR ▌

最後介紹的「XR」，是混合實境（Mixed Reality）。從詞意就能看出，MR是結合了VR和AR的概念。MR首次出現於二〇一五年，許多人認為它是VR和AR最終進化型態，或者說XR技術會成為最終技術。

MR兼具部分VR和AR的特徵。VR讓使用者與虛擬世界的事物相互作用，取代使用者對現實世界的感知。其缺點是，當使用者戴上VR裝置，行動就會受限。而AR的優點是它能讓虛擬世界與現實世界自由地相互作用，但不支持在現實世界裡更細緻地體現數位與

虛擬資訊的相互作用。

　　不過MR擷取兩家之長：保障現實世界的自由活動，和允許現實世界與虛擬事物的相互作用。

　　MR的使用模式大致說明如下：目前的MR裝置類似於VR的HMD型態。它與VR不同之處在於，它的前方設有鏡頭或半透明玻璃，以避免使用者被隔絕於現實世界之外。

　　當使用者帶上MR裝置後，能把虛擬事物召喚到眼前。舉例來說，假如使用者把一個虛擬包裹放到現實世界的桌上，AR技術會識別現實世界桌子的位置，傳遞座標，VR技術就會利用座標，在桌面上呈現虛擬包裹。

　　使用者能直接用手打開虛擬包裹，也能拿起包裹再放下，還能靠近它，檢視包裹寄件人的身分。即便使用者走到桌子後方，仍然可以看見包裹，並能確認包裹背面的模樣。

　　使用者也可以把東西放入包裹裡。因為在寄出包裹之前，使用者得先確認箱子大小是否合適。使用者可以拿起現實世界的物品，再打開一個虛擬箱子，把實際物品放進去。當然，實際物品是孤零零地留在桌上的，但在穿戴MR裝置的使用者看來，實際物品就像被裝入箱子一樣，假如實際物品超出箱子大小，使用者只需要召

喚更大的虛擬箱子再放進去就行了。

說不定這種世界就是AR的最終目標——使用者和現實世界中的虛擬要素自由交流的世界。這也是為何有些人把MR視為AR的進步型態，不特別劃分出來。相反來說，VR和AR都是MR的中間階段，其實現在大部分開發MR技術的公司，不久前都致力發展著AR技術。

▌將成為遊戲規則改變者的MR▌

微軟和微軟產品「MR HMD HoloLens」是MR的代表性企業與產品。微軟在二○一五年推出第一款MR產品，後來在二○一九年又推出第二代的「HoloLens 2」，該產品於二○二○年在韓國開賣。

微軟 HoloLens 2 的
介紹影片

HoloLens 2的外觀採耳機型態，前方設有被稱為「Visor」^{（譯註）}的半透明數位螢幕，而後方則像帶有墊子的髮帶。Visor就像摩托車安全帽的擋風板一樣，能上下掀動。當使用者把Visor往下放的時候，視線角度

譯註：包括HoloLens的感應器和顯示器面板，使用者戴上後可以把面板往上掀。

就像在數位螢幕後頭看結合了虛擬要素的現實世界。

使用者用手就能控制虛擬元素，不需另外的控制器，就能徒手下指令，指令動作包括按、壓、抓、旋轉虛擬世界的物品。因為 HoloLens 2 上安裝了能識別空間深度的深度相機，深度相機可以識別手部動作，把該動作體現於虛擬實境中。

不過由於 HoloLens 2 單價高達 3,500 美金，要價不菲，難以大眾化，是以微軟鎖定企業應用。與其說 HoloLens 2 被視為元宇宙的大眾化裝置之一，它更應被視為第一線產業線的裝置。

HoloLens 2 正被積極使用於產業前線，多用於遠程協助、教育、設計、經營協助等領域。各位請試著想像，如果我們是一名剛進入發電廠的新員工，會有很多控制發電廠的按鈕與閥門在等妳。當然，我們在到第一線之前，肯定會邊看手冊邊看影片學習如何操作，但真到了現場，會發現事情不一樣。當我們站在一台巨大的機器前，我們可能會忘記過去所學，這時候，像 HoloLens 2 一樣的 MR 裝置就能幫上忙。我們戴上 MR 裝置，看著閥門與按鈕，它會把所有的資訊輸出到鏡片上，假如我們按錯按鈕，它還會發出警告音，警告我們。

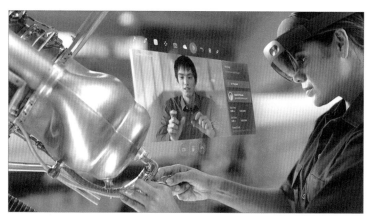

▲ 微軟的 MR HMD「HoloLens 2」，其視訊通話功能能讓辦公室員工幫助第一線員工解決問題。©Microsoft

　　此外，我們也能靠著視訊通話功能，接受職場前輩的幫助。XR裝置前方除了架有攝影機之外，還有另一個機器，能把現場影像以3D方式回傳給辦公室的其他人員。該人員坐在座位上就能操縱與轉動顯示於眼前的機器，掌握問題，再傳達給一線員工。

　　以上是很多企業真正使用MR裝置的模樣。比如說，工程軟體專業公司Bentley Systems所開發的「同步XR（Syncro XR）」，就能在HoloLens 2上運作，設計師能在四維畫面上進行建築設計。當設計師在設計建築物時，不僅看設計圖紙，還能觀察建築物的上下左右，甚至內部。

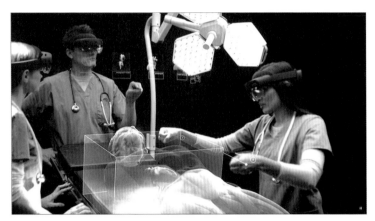
▲ 通過微軟的 MR HMD「HoloLens 2」進行虛擬手術（Mock Surgery）的畫面。
©Microsoft

　　另外，跨國能源公司雪佛龍推出了一種非面對面的合作模式。戴上 HoloLens 2的員工用一個按鈕就能分享手冊或圖紙等各種資訊，給坐在辦公室的專家，專家能同步了解一線員工的狀況，遠程協助一線員工解決問題。

　　二〇一七年，美國軍事技術公司洛克希德・馬丁和美國國家航空暨太空總署（NASA）共同開發登月任務的獵戶座太空船（Orion），其過程也使用了 HoloLens 2。洛克希德・馬丁公司表示在組裝過程中，戴上AR眼鏡的話，能把原本需耗時八小時的工時縮短到四十五分鐘以下。

在醫療領域，MR裝置也發揮莫大功效，飛利浦的醫療模擬系統為代表案例。醫生戴上MR裝置進入手術後，螢幕上會顯示出躺在手術台上的患者資訊，以及時時刻刻的血壓變化，能提高醫生的專注力。

此外，醫生可以利用MR裝置進行模擬手術，取代實際手術。戴上MR裝置後的醫生能操縱虛擬元素，原本空蕩蕩的手術台上會出現虛擬的患者，醫生就像進行實際手術般，向虛擬患者動刀。這一類的模擬經驗大大地幫助了新手醫生。

《財富》（Fortune）雜誌選出的五百大企業，大多數都已導入XR。XR不是單純地製作硬體，能實際應用於產業第一線，以提高效率。

VR、AR和MR不可能只是遊戲裝置，這得看企業把什麼樣的技術被應用到什麼樣的元素上，藉此，找到機會成為「遊戲規則改變者」（Game Changer）。

在虛擬世界
滿足五感的方法

僅憑眼見無法實現元宇宙的沉浸感，
滿足觸覺、聽覺、嗅覺和味覺的各種技術。

┃用聲音打造的空間，空間音效┃

雖然VR、AR到MR等各式各樣的XR技術正在發展，但還不足以創造出完整的虛擬世界。因為大多數XR技術都著重於視覺呈現，在使用者眼前的螢幕上體現虛擬元素。

可是，視覺不是人類感受世界的唯一方式，還得靠觸覺、嗅覺和聽覺等互相結合，才能完整地感受這個世界，並不是製作虛擬化身，在看不見盡頭的虛擬世界中加入現實世界的事物，就叫完成元宇宙。

當然，為了讓使用者感覺像真實世界一樣，專家正

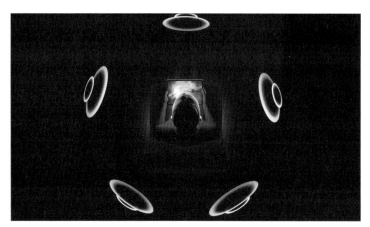

▲ 全方位播放聲音以展現空間感的空間音效技術。©Apple

努力克服局限，不斷地進行挑戰。簡單來說，就是專家致力創造能滿足觸覺、嗅覺、味覺等所有五感的技術，因此有人主張這才是「真正的元宇宙」（Real metaverse）。當五感都得到滿足時，真正的元宇宙就開始了。

　　首先，這些技術中，專家最積極滿足的感覺就是聽覺，也就是聲音（Sound）技術。專家為了做出充滿現實感的音響而投入相當大的努力。通常人們聽音樂是從單聲道（Mono），到兩個或兩個以上的立體聲道（Stereo），然後到三個以上的環場音效（Surround）。

　　單聲道、立體聲道和環場音效是在水平空間擴展聲音的概念，空間音效（Spatial Sound）是在此基礎上多加一

層，即增加上方或下方的聲音。空間音效是實現虛擬世界的重要技術之一。

其實，我們日常中常接觸到空間音效，電影院就是愛採用空間音效的地方。影廳左右、前後與上方都設置音響裝置，提供觀眾一種空間感，是以空間音效也叫「3D音效」。

空間音效的核心不僅止於雄壯的聲音。空間音效，顧名思義，是有著空間感的聲音。聲音隨著聽眾的位置而有所變化，是呈現空間音效的關鍵。試想，我們看著電影銀幕，看見某輛汽車從主角左側駛近，與此同時，影廳左音響發出越來越大聲的引擎聲，當汽車駛經主角身旁時，右音響出現的引擎聲壓過左音響，然後引擎聲逐漸遠離。

在元宇宙中，空間音效也很重要。當聲音隨著我的虛擬化身，或者是我本人位置不同的時候而改變時，就能提高真實感。我們和虛擬化身面對面進行語音對話時，假如虛擬化身轉頭，聲音就會變小或幾乎聽不見。在虛擬世界中，根據我站的位置和耳朵的方向，聲音都有可能變得不同。空間音效是提高沉浸感的必備技術。

▌把接觸變成現實吧，觸覺▐

空間音效——滿足聽覺的技術，已經處於廣泛應用於元宇宙的階段。元宇宙企業另一個為提高沉浸度而積極投資的領域是觸覺。觸覺也是虛擬世界中最重要的部份。

在元宇宙技術的核心要素中，解決相互作用（Interacton）非常重要，當然，最終目標就是沉浸感（Immersion）。

許多研究人員挑戰的領域是，讓使用者能「能用皮膚去感受」的虛擬世界，發展出人工皮膚、以及可穿戴式裝置，如套裝（suit）。在《一級玩家》中有出現主角賺大錢購買昂貴的遊戲套裝的場面。當使用者穿上套裝，虛擬化身所發生的接觸某事物的感受，會通過套裝，如實傳遞給使用者。

專家正在開發早期原型（Proto Type）技術，製作這些想像中的套裝。二〇二〇年十一月，美國康乃爾大學開發的伸縮性皮膚感應器，能幫助人們感測觸摸虛擬世界中的事物。

該款感應器作成了手套型態。使用者能彎曲手指，能利用 LED 與光纖感應器，把手指彎曲時對關節施加的壓力轉換成數位訊號。它讓使用者在虛擬世界中的活

動更加細膩，更加自由。

　　但如果我們像電影中的套裝設備一樣，把虛擬世界中的觸覺反傳回現實世界中，那還需要很長一段時間。這是因為每個人的觸覺感知程度有異，相同的感覺，對某些人來說是輕拍，對某些人來說卻可能是極大的疼痛。

　　據悉，實際開發技術的過程相當繁瑣，超越了單純識別與傳遞動作的問題，尤其是使用者的身體感知觸覺時，需要透過多類型的觸覺傳感器，把包括壓力、震動等各種資訊加以組合，再傳遞到大腦。

　　韓國專家正致力解決這項問題，二○二一年七月，韓國科學技術院（KAIST）、高麗大學與漢陽大學共同研究小組公布研究成果──「人類皮膚神經模寫型人工感官介面系統」。該系統是透過人工技術，重現人類觸摸某項物品時產生的觸覺訊號，並傳達出去的技術。

　　研究小組製作出電子皮膚，連結傳感器，以及以實際神經模式為基礎的訊號號轉換系統，盡可能地仿效人類的觸覺辨識過程，再把通過傳感器所產生的資訊傳回自制的電路系統，轉換成和實際感知訊號相同的形態，並傳到人體上。

　　研究小組把該系統實驗於動物身上，結果顯示，人

工感官介面系統所發出的訊號，如實地傳遞到了動物身上。據說研究小組目前已經開發出二十多種織物的質感，且真實度高達99%以上。當虛擬世界中的事物觸碰到人類的肌膚，研究小組只需把那份觸感進行編碼，就能開發出像電影中一樣的套裝。

▌把虛擬世界美食送入我口中，嗅覺與味覺▌

　　專家除了研究出能感知使用者虛擬世界的事物相互作用時產生的觸覺，甚至是動作的硬體，也研究出滿足人類另一種感官，即嗅覺與味覺的技術。這是在電影院很常見的技術。大家去四維體驗（4DX）電影院觀影時，應該有過類似經驗，當電影出現下雨場面時，自己也被天花板灑落的水滴淋到。同理，感知嗅覺與味覺的技術，就是把虛擬世界中產生的嗅覺與味覺體驗，傳遞到現實世界中的技術。試著想像一下，當我的虛擬化身咬了一口《ZEPETO》中的三明治品牌Eggslut的三明治，它所感受到的味覺也傳達給現實世界裡的我。虛擬成為了現實。

　　二〇一一年新加坡國立大學發表的論文提到以下概念：人們可以通過電流、頻率（Frequency）和熱等，刺激舌頭以體現味覺，在舌頭下方連接電極，能創造出酸甜

苦辣的基本味覺。不過這項概念尚未普及化。

　　也有專家挑戰體現元宇宙世界中特定地區或特定人事物的香氣，像是開槍時散發出的火藥味，或經過花叢，花叢散發的花香。這些都是為了提高沉浸感。

　　二〇一七年六月，日本企業VAQSO推出「VAQSO VR」──能在元宇宙中聞到氣味的嗅覺裝置。該裝置可以安裝在各種HMD上，據悉，該裝置一次最多可以置放五種氣味，消費者購買時可以選擇大海、火（火藥）、樹林（草坪）、泥土、牛奶或花束等各種香精。

　　香精盒可以更替使用，因應虛擬世界的情況，散發出相應的香氣。專家正在進一步開發技術，讓香氣因應情況，相互結合，以散發出適合香氣。

現實世界的動作傳遞到虛擬世界，跑步墊和腕帶

靠遊戲搖桿能完成元宇宙嗎？
用我的手腳動作控制虛擬化身的技術。

｜感測動作的技術｜

在這段時間，VR和AR大眾化失敗的原因之一是控制器問題。使用者缺乏合適的輸入裝置以操作虛擬世界。

元宇宙平台之所以從個人電腦和智慧型手機為中心來研發，也是因為控制器之故，因為人們習慣用滑鼠、鍵盤、手指頭（觸碰式螢幕）等的輸入裝置。

因此，雙手控制器誕生了。它類似遊戲機Play Station和Xbox的控制器，通過VR主機和藍牙連結，把握有控制器的使用者的手部動作，傳送到虛擬世界。

比方說，當使用者按下控制器的按鈕，虛擬世界就會出現游標，或是虛擬化身的手會移動，和虛擬世界的事物產生相互作用，當相互作用成功達成時，控制器會出現約一秒左右的短暫震動的觸覺（Haptics）●反饋，增加使用者的身歷實境感，感覺自己的手好像真的碰到了什麼東西。

　　控制器和在虛擬世界中的手，像是約好了一樣做出相同動作。比方說，使用者按下控制器A鍵，虛擬世界中的虛擬化身就會做出點擊動作；按下控制器B鍵，虛擬化身就會做出撿東西的動作。就像是過去的街機格鬥遊戲中，A按鈕是踢腿，B按鈕是揮拳一樣。

　　儘管專家解決了操作問題，不過使用者的沉浸感仍舊低落。這是由於雖然虛擬世界中有我的手，我卻無法任意移動那隻手，在這種情況下，要體現完美的虛擬世界並不容易。如想把現實世界原封不動地搬入虛擬世界中，虛擬世界中不僅得體現現實世界中的物件（Object），也得體現現實世界中的動作（Movement）才行。

　　為了達到這個目標，專家在VR或AR裝置外部安裝傳感器與攝影機，以捕捉使用者的手部動作，並如實反

●觸覺反饋技術（Haptics）
通過鍵盤、滑鼠、搖桿、觸碰螢幕等電腦輸入裝置，令使用者感知觸覺、力量和運動感等的技術。

映至虛擬世界中。不過，此一技術未臻完美。因為要是使用者的手超出了傳感範圍，就無法準確感測，虛擬世界中虛擬化身的動作的反應也會延遲，也就是我們常說的Lag。

因此，近期推出的可穿戴式裝置（Wearable）多採用多重方式感測動作，儘管還處於開發階段，不過最具代表性的就是Meta的「EMG腕帶」●與蘋果公司的「智慧戒指」（Smart Ring）。

Meta的腕帶是感測肌肉運動後，再轉換成數位訊號的機器。據悉，Meta XR研究部門Reality Lab正在研發這款腕帶。

Meta的腕帶預計會與即將上市的AR眼鏡連結互動。這款腕帶可以利用EMG技術測量身體活動時，從骨骼肌（Skeletal muscle）所產生的電位差信號。

Meta 的腕帶

當使用者的手移動時，大腦會朝肌肉傳遞電位差訊號，啟動肌肉。這是一種感知電位差訊號，並把它數位化的方式。據悉，即使是一毫米的手指動作，也能透過

● 肌電圖（Electromyography，簡稱EMG）
測量與記錄骨骼肌傳出的電位差信號的技術。藉由肌電圖儀，可感知肌肉細胞被電流或神經激活時所產生的電位差信號。

腕帶感知該訊號，轉換成數位指令。

　　所以，當使用者戴上腕帶，在空中做出各種手勢，就能操縱虛擬世界，像是在空無一物的桌上可以叫出虛擬鍵盤進行打字，或是做出朝虛空射箭的動作，就能朝虛擬世界射箭。

　　蘋果公司籌備智慧戒指的開發目的，與上述相同。二〇二一年三月，蘋果公司申請戒指型態的裝置相關專利產品的傳聞傳出。智慧戒指是「自混和干涉測量技術」（SMI）的機器——利用光線波長，科學地測量感應器與使用者的動作之間的距離。

　　當使用者把智慧戒指戴上拇指與食指，智慧戒指能掌握手與手指的動作，將之轉換為數位訊號，以操控虛擬世界中的元素。使用者可以做出精細的動作，像是拿起東西、放大、縮小或旋轉。

　　換言之，原本得利用輸入裝置才能輸入使用者的肢體動作，現在使用者的手就是元宇宙的輸入裝置，使用者用不著使用智慧型手機或控制器，只需要在手腕與手指戴上裝置，就能和虛擬世界中的事物進行細緻互動。

▌我動，虛擬化身也動，跑步墊▌

　　與此同時，專家正在開發能於 XR 世界中行走的輔

助裝置。這與通過VR HMD探索虛擬世界的方式密切相關。

　　與通過PC所體現的虛擬世界不同，通過VR頭戴式裝置連結上的虛擬化身之間的交流服務，有一個共通點，那就是虛擬化身是沒有腿的。代表性案例有以Meta的VR為基礎的社交平台《Horizon》，以及藉由Oculus Quest 2連上的虛擬化身協作平台《Spatial》。

　　這些VR服務的虛擬化身，就像電影《哈利波特》中，飄蕩在霍格華茲魔法學校裡的幽靈一樣，只有上身。《Horizon》中的虛擬化身的上身浮在半空中，腰部以下空蕩蕩的，只有模糊的形狀。為什麼會這樣呢？這是因為虛擬世界中無法反映現實世界中使用者的腿部

▲ Meta 以 VR 為基礎的社交平台《Horizon》中的虛擬化身。©Meta

動作。

隨著硬體技術的發展，在以 VR 為基礎的虛擬世界中，硬體變得可以追蹤使用者的臉部表情和手部動作，也就是未來將能把現實世界中使用者的動作，反映到虛擬世界中的虛擬化身的動作上。

不過，腿，也就是移動的問題卻不能這樣子處理。因為假使開發者把虛擬化身的動作設計得和現實世界使用者的動作吻合，會發生什麼事呢？很簡單。當使用者在現實世界中跨出一步，虛擬世界中的虛擬化身也會跨出相同距離的一步。

簡言之，假如我們想讓虛擬化身在無邊無際的元宇宙裡行走，現實中的我們也得做出相應的動作才行。AR 或 MR 裝置的設計不會阻擋住前方視線，不會有太大的問題，遮蔽前方視線的 VR 頭戴式裝置，則另當別論。使用者戴著 VR 頭戴式裝置很難自由移動。

這也是為什麼大部分的 VR 內容，都是讓使用者站在虛擬世界中一起享受，多半為電影或影集等影像欣賞的內容。此外，也有不少遊戲內容是玩家可以站著不動，由虛擬元素自發靠近玩家，玩家再毀壞虛擬要素，或是抓準時機擊打虛擬元素。

當然，專家有解決移動局限的方法。最具代表性的

▲ 使用者穿戴上 VR 裝置，能反映使用者動作的跑步墊。©Virtuix

就是，當使用者要移動的距離較遠時，不直接走過去，而是拍下要移動的目的地，利用瞬間移動（Teleportation）的方式抵達，比方說：辦公空間服務。當使用者點擊會議室時，用瞬間移動的方式，把虛擬化身移動到會議室的椅子上。

除此之外，使用者也能利用控制器上的按鈕，假裝虛擬化身正在行走。代表性的遊戲就是第一人稱射擊遊戲（First-Person Shooting，簡稱 FPS）──《Population One》。這是一款玩家操控虛擬化身，在戰場上和敵人交戰的遊戲。無論是拿起道具、舉槍瞄準敵人、射擊或爬牆，每個動作都需要用到使用者的手臂，但使用者只需用控制器的按鈕取代手臂動作就行了。

這種方式雖然有助於觀察元宇宙，卻也降低使用者對元宇宙的沉浸度。這也是為何有許多能在狹窄空間中移動的裝置陸續登場。

　　被稱為跑步機的「Treadmill」為最具代表性的裝置之一。VR輔助用的Treadmill和普通跑步機不一樣。它具有三百六十度移動的特性。使用者把裝置固定在腰上，像在虛空中奔跑般，無論是坐在原地不動或高跳躍動作等，都能反映到虛擬世界中。不過，相較於需要用到時再拿出來的VR頭戴式裝置，Treadmill又佔空間，又昂貴，增加了使用者的入手門檻。

　　Treadmill替使用者提供會不斷移動的地面，有些產品卻反其道而行，改在鞋子上安裝輪子，利用傳感器，提供無限移動的功能。該產品的運作模式是，使用者穿上鞋後，只需要坐在椅子上移動腳，傳感器會自動識別動作，即使使用者沒有實際行走，在虛擬世界中的虛擬化身卻能行走。

　　此外，也有產品在使用者的腳踝安裝傳感器。使用者只需原地跳躍，傳感器會自行識別傾斜度，命令虛擬化身動作。把現實世界中的感知與動作，還有同步虛擬世界的虛擬化身動作的硬體技術，正在接二連三地登場。

我的身體全部進入了
虛擬世界

不知道我是虛擬化身，還是虛擬化身是我的世界，
那些將成為元宇宙連結技術終點的技術。

▌侵入和 Dive 技術▌

雖然前述的硬體技術的發展階段有落差，但既然有現在進行式的技術，就一定會有停留在想像中的技術。接下來我們要來看侵入技術和 Dive 技術。

顧名思義，「侵入」就是像細菌一類的微生物或生物一樣的檢查用裝置，侵入人體的組織，「跳水」（Dive）就是人類的身體跳躍進虛擬世界的意思。

南希聖（남희성）作家的網路小說《月光雕刻師》（달빛 조각사），從二〇〇七年到二〇一九年，連載了十三年。該小說不僅改編成漫畫作品，也改編成遊戲，

獲得高人氣。該小說主題為虛擬實境遊戲，是個忠實呈現元宇宙概念的作品。

該小說的背景設在名為「皇家之路」的遊戲上，當玩家透過膠囊型態的機器，躺在像床一樣的空間，膠囊機器就會分析玩家的腦電波，把玩家送入虛擬世界。簡言之，就是膠囊裝置連結玩家的大腦，體現虛擬世界。這就是侵入與Dive技術的概念。

除了《月光雕刻師》之外，還有很多類似概念的小說，玩家的身體能力值體現於虛擬世界，反之，玩家在虛擬世界的活動也能鍛鍊現實世界中的身體。因為是連結大腦的模式所進行的遊戲，所以，玩家在睡眠中也能繼續玩遊戲。

一九九九年上映的電影《駭客任務》（The Matrix）充分地體現此一概念。在電影中，演員基努·李維（Keanu Reeves）飾演的主角尼歐和其他電影登場人物，為了連上虛擬世界「母體」（The Matrix），在後腦勺插入了像針一樣的裝置。

當人體與裝置連結時，當事者就會進入睡眠似的無意識狀態，可是，在虛擬世界中的「我」登場了。虛擬世界中的當事者身體狀態和意識，都與現實世界中相同，超越了虛擬化身的水準，直接複製另一個「我」。

｜這不是不切實際的想像｜

當某些人嘗試在人腦中植入晶片，通過思想達到操作虛擬世界的時候，特斯拉執行長伊隆・馬斯克（Elon Musk）的另一家公司Neuralink正進行另一項實驗。

伊隆・馬斯克在二〇一六年成立電腦晶片開發公司Neuralink。該公司的最終目標是，把電腦晶片植入人腦中，連結人腦與電腦。Neuralink的構想是，把人類大腦思考時所產生的電訊號，通過晶片轉換成數位訊號，再透過電腦在內的電子裝置，體現和操縱該數位訊號所呈現的虛擬世界。

Neuralink先後於二〇二〇年八月與二〇二一年二月，把晶片植入了豬腦和猴腦中。之後該公司公布於

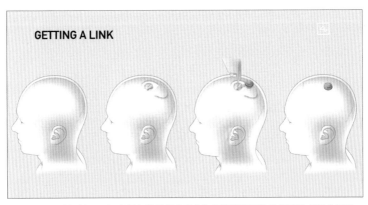

▲ Neuralink 的構想是，把人類大腦思考時所產生的電訊號通過晶片轉換成數位訊號，再透過電腦在內的電子裝置，體現和操縱該數位訊號所呈現的虛擬世界。©Neuralink

YouTube的影片內容顯示，猴子拿遊戲搖桿玩遊戲，但搖桿的線沒有插到遊戲主機上。

Neuralink 的
YouTube 影片

雖然搖桿無法輸入資訊給主機，但遊戲仍能繼續。因為不知情的猴子拿著搖桿，想像自己正在進行遊戲，牠操作搖桿的電訊號，也就是腦電波，會通過晶片傳給電腦。

想要架構高沉浸度的元宇宙世界，需結合多種方式和多種技術。不過，不是非得動用所有技術才能使元宇宙誕生。根據不同的用途和需求，結合適切的技術，就能體現高效率的元宇宙。

主導元宇宙
的平台

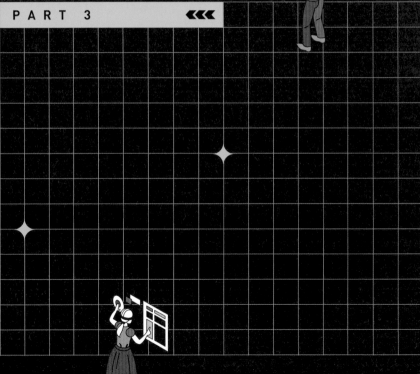

哪些內容主導了元宇宙？它們是如何成為元宇宙的先鋒呢？而它們之間有何共同點和不同點？讓我們來聊聊現在最成功邁向元宇宙的平台：《機器磚塊》、《ZEPETO》、《要塞英雄》與《Minecraft》，還有它們創造的新世界「創作者經濟」。

METAVERSE

通往元宇宙的
內容平台

正式邁向元宇宙的二〇二〇年，
《ZEPETO》、《機器磚塊》、《要塞英雄》與《Minecraft》是先鋒部隊。

»»»

▎平台關注著元宇宙▎

　　如前所言，元宇宙的概念從首次登場後，二十年來起伏跌宕，有過因不成熟的科技的挫折經驗；也有過因行動通訊的新浪潮登場而停滯不前的經驗。二〇〇〇年代初期的《第二人生》，以及韓國虛擬歌手亞當（아담）就是相關事例。

　　不過，所有人一致同意，二〇二〇年重起的元宇宙和過去不太一樣，真正的元宇宙「元年」到來了，人類正式展開了航向元宇宙世界的旅程。

　　眾人同意的原因眾多，有技術的進步、大眾認知的

改變、世代交替等。元宇宙之所以倍受矚目的最大原因就是，打著元宇宙旗幟的平台陸續登場。每個平台都配上全新的技術和內容，正提供使用者前所未有的體驗。

事實上，如果不區分技術和內容，只考慮市場規模的話，未來幾年元宇宙市場預計將會急遽增長，有些企業積極看待元宇宙，預測元宇宙市場到二○二五年將會增長到 3,381 億美元，二○三○年則會增長到 1 兆 924 億美元。

這不是憑空預測的數值。因為有幾艘旗艦（Flagship）正航向元宇宙世界。這些旗艦多為平台，它們正在努力地創造使用者數，並創造收益。

▌新的商機在平台上▌

當然，實現元宇宙的背後需要有無數的硬體技術支持，與軟體技術構建，普通使用者很難接觸到這些技術。從想單純暫時享受元宇宙的使用者，到有心利用元宇宙創造新商機的使用者，都在關注平台。

最終，所有人的視線聚焦在技術相遇的最前線、前端（Front-End）●，往好處看的人，會覺得平台提供的元宇宙服務是個人的興趣生活，往壞處看的人，則認為平台服務本質上是「罪惡」的遊戲，過去認為它是小孩

使用的社群媒體，而今不分企業、政府和公共機關，所有的大人蜂擁而至。究竟這些平台獻給使用者何種體驗呢？

接下來我們會了解前面所提到的元宇宙要素的結合與運作方式。今時今日，元宇宙平台、元宇宙世界和元宇宙服務等主題不斷地湧現，來看看從元宇宙變成熱議話題初期，就被認為是屈指可數的四種成功服務——《機器磚塊》、《ZEPETO》、《要塞英雄》與《Minecraft》。

• **前端（Front-End）**
描述網路或APP使用者視覺所見及使用的介面樣式。有前端，反之也會有後端（Back-end）。

在遊戲中上班的就有七十萬人
——《機器磚塊》

使用者可以一起製作並共享遊戲的平台《機器磚塊》，
擁有七十萬名專業遊戲開發者，五千五百萬款自行開發的遊戲。

| 現在需要了解《機器磚塊》的原因 |

我們先看最有名的元宇宙平台之一，《機器磚塊》。Roblox公司於二〇〇四年在美國創業，並且自二〇〇六年開始提供同名遊戲服務平台《機器磚塊》。目前Roblox有進軍韓國的計畫，已於二〇二一年七月十六日成立韓國法人公司，正籌備提供韓國平台服務。

以二〇二一年五月為準，《機器磚塊》每個月活躍使用者數超過一億六千四百萬人，意即每個月至少上線一次的人數有一億六千萬名。67%的使用者年紀在16歲以下，這也是為何韓國國內介紹機器磚塊時，會說

▲ 數十種、數百種遊戲被上傳至《機器磚塊》的首頁「大廳」。©Roblox

「是美國小學生之間最夯的遊戲」。然而,這句話只說對了一半。

　　嚴格來說,《機器磚塊》是一個遊戲平台。遊戲平台是一個我們很陌生的概念。這種平台的特色是不用安裝遊戲,使用者可以自由自在地在平台上玩遊戲,就像我們跟朋友約在弘大或江南站等鬧區見面,走到一半被一家醒目的賣場吸引,立刻逛店一樣。

　　當使用者登入《機器磚塊》後,首頁大廳會出現數十種、數百種形形色色的遊戲,有推薦的遊戲、最新更新的遊戲、熱門遊戲等。當使用者點擊某款遊戲時,就會出現虛擬化身,而使用者可以利用方向鍵與遊戲開發者指定的快捷鍵,開始玩遊戲。

遊戲類型各不相同，五花八門，有我們常想到的槍戰，也就是第一人稱射擊遊戲，還有過去玩過的街機遊戲。除此之外，還有的是使用者也可以開車閒晃，跟其他使用者聊天的遊戲。就此情況來看，與其說《機器磚塊》是一種遊戲，說是一個虛擬空間會更恰當。

在《機器磚塊》上的遊戲由使用者自行開發，就像人們會在YouTube看影片，也會自行拍攝和上傳影片一樣。在《機器磚塊》平台上有七百萬名遊戲開法者，開發了五千五百萬種以上的遊戲。據悉，有10%的開發者，正透過《機器磚塊》從事專業遊戲開發者的工作，可以想成是，七十萬人到遊戲裡上班。

由於《機器磚塊》是使用者自行開發遊戲的體系，所以也有很多作品完成度不夠，稱不上是遊戲，反之，也有不少優秀作品成為點擊率超過一百億次的熱門遊戲。

┃《機器磚塊》如何成為元宇宙？┃

每個使用者都能利用《機器磚塊》提供的「Roblox Studio」功能，輕鬆開發遊戲。Roblox Studio的優點是，提供了「無程式碼」（No-coding）的遊戲開發幻境。就算不懂寫電腦程式的人，也能輕鬆製作遊戲。《機器磚

▲ 製作遊戲的「Roblox Studio」功能，能幫助不懂遊戲、電腦圖形設計、程式設計的使用者。©Roblox

塊》Studio裡提供多種內建元素，使用者就算只建立簡單規則，也能創作出簡單的遊戲。

　　所以，扛著「全世界最出色的元宇宙平台」招牌的《機器磚塊》整體遊戲的品質和圖形水準並不高。在以為《機器磚塊》擁有既華麗又貼近現實世界的電腦圖形水準的大人眼中看來，對它存疑是理所當然的。但也有很多人認為《機器磚塊》上長得形似樂高積木的虛擬化身，還有能追求原始樂趣的小遊戲等要素，是元宇宙的優點之一。

《機器磚塊》不只是一個遊戲平台，為了吻合其元宇宙平台之名聲，它也利用虛擬空間，舉行過各式各樣的遊戲。最具代表性一例便是二〇二〇年十一月，美國饒舌歌手納斯小子（Lil Nas X）在《機器磚塊》上舉行的虛擬演唱會。在虛擬演唱會上，納斯小子首次演唱自己的最新單曲《Holiday》。《機器磚塊》提供空間給納斯小子，使用者上線就能欣賞納斯小子的舞台。當納斯小子的虛擬化身一亮相，瞬間變得巨大，其他使用者彷彿身歷真實演唱會現場，在納斯小子腳下欣賞表演。

　　每次換歌的時候，背景和納斯小子的服裝也跟著改變。這是現實世界演唱會看不到的場面。雖然虛擬演唱會不像實際演唱會一樣，觀眾可以登場舞台，或是歌手和觀眾擊掌的愉快經驗，但虛擬演唱會賦予了只有在虛擬世界才能享受的經驗。該場虛擬演唱會吸引了三千六百萬名觀眾到場。二〇二一年五月，瑞典歌手莎拉・萊森（Zara Larsson）在《機器磚塊》上舉辦慶祝專輯發行舞蹈派對，據悉，有四百萬人參加。《機器磚塊》將來也打算與全球最大的音樂公司之一，索尼音樂合作，更積極舉辦類似活動。

在《機器磚塊》上舉行的表演影片

BLACKPINK和TWICE也噗通
——《ZEPETO》

▶▶▶

NAVER子公司Naver Z提供給全球兩億使用者的服務——《ZEPETO》。
BLACKPINK、TWICE、古馳、耐吉也加入的元宇宙平台。

▌從虛擬化身服務起家的《ZEPETO》▌

　　元宇宙平台《ZEPETO》截至二〇二一年三月為止，擁有兩億使用者。《ZEPETO》是包括韓國在內，人氣席捲亞洲的服務。它是使用者可以利用3D虛擬化身和其他使用者的虛擬化身進行溝通的平台。目前大多數引領元宇宙市場的平台都始於遊戲，唯獨只有《ZEPETO》是特例。它是由社群服務起家的。

　　《ZEPETO》是NAVER子公司相機應用程式開發公司SNOW推出的服務。SNOW透過各式各樣的AR功能，能在拍照時，替拍照的人臉上加上狗耳朵或兔耳

▲ 《ZEPETO》是 NAVER 子公司相機應用程式開發公司 SNOW 推出的服務,最先是
提供使用者裝飾虛擬化身之用。©Naver Z

朵,引起人們關注。在諸多AR功能中,最受歡迎就是
會模仿使用者表情的3D虛擬化身功能。於是SNOW獨
立推出專屬應用程式《ZEPETO》,其第一項服務於
二〇一八年推出,使用者利用智慧手機拍照,或把存在
手機相簿中的照片上傳,《ZEPETO》會對照片進行分
析,製作出與相片中人神似的3D虛擬化身。

　　大家為什麼突然瘋起虛擬化身呢?原因相當簡單。
因為虛擬化身是一種流行趨勢。當時有許多企業熱衷推
出3D虛擬化身服務,讓使用者利用先進的3D圖形技術,
製作出與自己長得一模一樣的虛擬化身,蔚為風潮。

　　二〇一七年十一月,即《ZEPETO》推出約一年
前,蘋果公司宣布即將推出最新款手機iPhone X,與自

定個人化大頭照服務（Memoji）。「Memoji」是由「我」
（Me）和「表情符號」（Emoji）組合而成的單詞，正如字
面意義，就是提供使用者製作神似自己的大頭照的功
能。使用者可以親自選擇各種特徵，像是：臉型、膚
色、髮型、雀斑、眼鏡、眼珠顏色等，製作出和自己長
得像的大頭照。而製作出的大頭照就像我們平時在
KakaoTalk等聊天應用程式裡，經常使用的貼圖一樣，使
用者可以把它用在手機現有功能中。

　　蘋果永遠的宿敵三星電子，在二〇一八年三月推出
的最新款手機Galaxy S9，同樣提供 3D Emoji動態表情功
能。《ZEPETO》在上述兩者推出不久後，也推出服務。

　　在服務推出初期，《ZEPETO》並沒有受到人們的
關注，正是所謂的「ZEPETO 1.0版」的時期。1.0版不
過只是讓使用者利用AR功能，製作神似自己的虛擬化
身，替虛擬化身穿衣服的洋娃娃遊戲。

　　不過，在《ZEPETO》提供服務的隔年，也就是
二〇一九年三月，《ZEPETO》更新了 2.0版，逐漸轉
型成我們現在所看見的元宇宙平台。《ZEPETO》就像
Instagram一樣，從平凡的應用程式進階到提供使用者
交友與分享照片的社交媒體。在《ZEPETO》上供使用
者活動的空間稱為「World」。《ZEPETO》轉型元宇

▲ 複製首爾漢江市民公園的《ZEPETO》 World 裡頭的「漢江公園」。©Naver Z

宙平台後，使用者性迎來爆發性成長，上市僅一年半，
全球一百七十多國突破一億三千萬使用者人數。

　　自從World登場後，《ZEPETO》的使用者活躍度急
遽增加，說World造就了現在的《ZEPETO》也不為過。
我可以創作出反映我的模樣，讓我隨心所欲操縱的虛擬
化身，那個虛擬化身可以在這個寬闊的世界盡興遊玩。

　　《ZEPETO》的「World」是用3D技術複製出相似
於現實世界的虛擬世界的服務，是全球首例。代表性的
World有「教室」與「漢江公園」。前者長得就像我們
平常隨處可見的學校教室面貌，後者則複製現實世界的
首爾漢江公園。使用者透過虛擬化身在這個世界與人交
流，還會分享在虛擬世界買的飲品。

┃以 World 和道具為基礎的成長┃

《ZEPETO》並不滿足於現狀，後續推出虛擬世界相關服務，最具代表性的就是與偶像歌手的合作。《ZEPETO》製作 K-Pop 藝人的虛擬化身，並建造藝人專屬 World。使用者可以造訪喜歡的藝人的專屬 World，和藝人合照，再傳到自己的「動態消息」（Feed）上。

《ZEPETO》在二○二○年九月和 YG 娛樂旗下，受到全球歌迷歡迎的女子組合 BLACKPINK 合作，發表新歌〈Ice Cream〉，並把《ZEPETO》World 作為 MV 背景。不僅如此，《ZEPETO》把〈Ice Cream〉的舞蹈動作，加入了虛擬化身的動作功能（Motion）裡。

《ZEPETO》X BLACKPINK 表演影片

使用者可以前往「Ice Cream World」和 BLACKPINK 成員合照，也能讓自己的虛擬化身跳她們的舞蹈。此外，BLACKPINK 在《ZEPETO》舉辦的虛擬簽名會，吸引了四千六百萬名以上的使用者。

除了 BLACKPINK 之外，不少 K-POP 藝人與經紀公司都建造了自己的空間，JYP 娛樂公司旗下女子組合 TWICE 利用虛擬化身拍攝 MV，公開一個禮拜後就超過一百七十萬次的點擊率，還有女子組合 ITZY 也通過

虛擬化身，在《ZEPETO》World 裡舉行粉絲見面會。

　　使用者也會親自替自己喜愛的藝人佈置空間，像是某位防彈少年團的粉絲，把 World 佈置成防彈少年團的人氣歌曲〈Dynamite〉的 MV 拍攝現場。該 World 變成粉絲巡禮聖地。多虧了 World 的活用，海外 K-POP 粉絲湧入《ZEPETO》，因而促成了《ZEPETO》的再次成長。《ZEPETO》的海外使用者人數比重現今已達 90%。

　　對 Z 世代的 K-POP 粉絲來說，《ZEPETO》等於重要交流窗口，是以演藝圈不僅和《ZEPETO》合作，也積極參與投資。二○二○年十月，打造防彈少年團的 HIBE 公司，以及 YG 娛樂向《ZEPETO》投資 900 萬美元成為了焦點。隔月，JYP 娛樂公司表示將投資 400 萬

▲ 韓國女子組合 BLACKPINK 在《ZEPETO》舉辦的粉絲簽名會海報，該簽名會共有四千六百萬名使用者參加。©Naver Z

▲ 在《ZEPETO》建造的古馳品牌空間與穿上古馳服裝的虛擬化身。©Naver Z

美元。

　　《ZEPETO》成為了Ｚ世代年輕人聚集的平台一事，引起時尚企業的關注。法國知名高跟鞋設計師克里斯提‧魯布托（Christian Louboutin）的個人同名品牌，在二○二○年九月，於《ZEPETO》首次公開2021 S／S系列，佈置用3D技術實現的虛擬化身穿的鞋款，並能讓使用者購物的「Christian Louboutin」World Map空間。

　　在Ｚ世代年輕人中認知度最高的品牌古馳（Gucci）也和《ZEPETO》攜手合作。二○二一年二月，古馳佈置了以義大利總公司為背景的「Gucci Villa」空間。

古馳在這個空間展示六十多種服裝與飾品，上頭繡有古馳品牌特有的華麗色彩與圖案，和現實世界中舉辦的《GUCCI Garden Archetypes原典特展》並無二致。使用者可以在這裡試穿衣物，還能漫步在歐式建築與美麗庭園中，更深入了解古馳這個品牌。

儘管其他品牌沒有特別建造另外的空間，但進入《ZEPETO》的品牌仍絡繹不絕，像是耐吉（Nike）、彪馬（PUMA）等運動品牌、迪奧（DIOR）等化妝品品牌，也正在和《ZEPETO》聯手販售虛擬化身產品。

《ZEPETO》X
古馳的影片

各式各樣的IP也正湧入《ZEPETO》。代表性事例就是，活用NAVER漫畫IP內容製作的虛擬化身道具。韓國人氣網路漫畫《柔美的細胞小將》（유미의 세포들）製作出World Map。漫畫主角的衣服被製作成虛擬化身產品，上架販售。包括迪士尼在內的各式內容文創也都表現出與ZEPETO共同合作的意願。

隨著元宇宙世界正式開啟大門，《ZEPETO》進一步推出「ZEPETO Studio」功能，讓使用者可以親自建造World，親自設計虛擬化身的服裝等道具。得益於此，不分領域和年齡的人群正湧入《ZEPETO》中。

讓一千兩百三十萬人享受演唱會
——《要塞英雄》

消弭戰爭，從射擊遊戲走向元宇宙平台的，《要塞英雄》，
展現元宇宙潛力的一千兩百三十萬人同時上線的演唱會。

|槍戰遊戲為什麼是元宇宙？|

在介紹元宇宙時，不能少掉的服務還有《要塞英雄》。《要塞英雄》是二〇一七年推出的第三人稱射擊遊戲，由創立於一九九一年的美國遊戲引擎與遊戲製作公司埃匹克娛樂（Epic Games）開發。簡單來說，它就是一款玩家操縱虛擬化身進行槍戰的射擊類遊戲。

迄今為止，《要塞英雄》擁有超過三億五千萬名玩家，是全球最龐大的網路遊戲之一。雖然它在韓國的知名度較低，不過，在美國Z世代青少年之間享有高人氣，40%的青少年每個禮拜平均會上線一次，在上頭消

▲ 二〇一七年由美國遊戲引擎與遊戲製作公司埃匹克娛樂推出的，第三人稱射擊遊戲
《要塞英雄》。©Epic Games

磨的時間佔美國青少年25%的休息時間。

　　《要塞英雄》也是經歷長時間的升級才成長的服務，不是一開始就具備元宇宙要素的。《要塞英雄》第一個推出的服務是一款平凡無奇的射擊遊戲《守護家園》（Save The World），遊戲玩法是四名玩家一起組隊，阻止殭屍「Husk」。二〇一七年九月，《要塞英雄》新增「大逃殺模式」（Battle Royale），玩家數有了爆發性成長。其遊戲設定為玩家降落到被大海包圍的虛擬島嶼，戰鬥到最後剩下一個人或一組人生存為止。這與同年三月，韓國電子遊戲開發公司魁匠團的子公司PUBG推出的《絕地求生》（PUBG：Battlegrounds）都被認為是大

逃生遊戲類型的領軍者。

《要塞英雄》上市不過兩週，玩家數就達到一千萬人，上市第七十二天就達到兩千萬人，上市第一百天則達到四千萬人，成為玩家數增長速度最快的成長型遊戲之一。《要塞英雄》能獲得二〇一八年金搖桿獎（Golden Joystick Awards 2018）的最佳競技遊戲獎與年度最佳遊戲獎（Game Of The Year，簡稱GOTY），玩家增長速度功不可沒。遊戲收益僅二〇一八年就達到20萬7,000美元。

影音平台Netflix關注著《要塞英雄》的成長，並於二〇一九年一月業務報告中表示：「對我們來說，《要塞英雄》是比HBO（美國優質電影頻道）更強大的競爭對手。」就像這樣，《要塞英雄》超越了遊戲產業，在整個內容產業發揮巨大的影響力。在無論遊戲公司或影音內容公司紛紛爭奪使用者有限時間的情況下，快速成長的《要塞英雄》，氣勢如虹。《要塞英雄》在二〇二〇年二月進行的改版，是它被選為元宇宙代表服務的關鍵因素。當時《要塞英雄》更新了第二章第二季，宣布遊戲中加入新模式「皇家派對」（Party Royale）。

皇家派對演唱會模式和原有的守護家園與大逃殺模式不同，玩家不能使用武器，地圖上也沒有要塞建築。當玩家進入盛大的派對地點「皇家島」（Royale Island），

可以像其他模式一樣四處閒逛，差別在於玩家不能戰鬥，只能和其他玩家聊天、跳舞或分享爆米花。意思是，這不是戰鬥空間，而是專門玩樂的空間。

島上有色彩繽紛的速食餐廳，與玩家能舒適休憩的海邊。玩家的虛擬化身可以在這裡一起踢足球、划船、參加迪斯可派對，度過愉快的時間。上線不戰鬥，也能在遊戲裡頭休息，滿足了不少玩家。因為實體聚會受限於新冠疫情的影響，玩家在這裡可以通過網路，維持社會互動。

▎震驚世界的元宇宙表演▎

皇家派對模式還有個特別的佈置，那就是架設了擁有巨型螢幕的圓形劇場和表演舞台。有許多藝人在這裡舉辦表演，受到大眾矚目。這些表演也是《要塞英雄》成為元宇宙代表事例的最大原因。

崔維斯‧史考特在
《要塞英雄》的表演

在皇家島有著大大小小的表演，其中最有名的就是二○二○年四月，美國知名饒舌歌手崔維斯‧史考特（Travis Scott）的虛擬演唱會「Astronomical」。該演唱會總共推出三天，五場，每場九分鐘。當時因為新冠疫情

的關係，美國主要大城市都進行封城，連帶推動了這場不可避免的虛擬演唱會，它成為了《要塞英雄》的歷史重要事件，對元宇宙世界的擴張發揮巨大作用。

用3D打造出的崔維斯・史考特巨大虛擬化身從天而降，揭開演唱會序幕。相較於《要塞英雄》普通玩家的虛擬化身，崔維斯・史考特大上數十倍的虛擬化身不是站在舞台上表演，而是在皇家島邊遊走邊饒舌演唱。

演唱會背景時時刻刻都在變，不僅是崔維斯・史考特的虛擬化身，觀眾的虛擬化身也結伴，時而衝入雲霄，時而直墜深海。這些都是實體演唱會絕對無法體驗的。

崔維斯・史考特的虛擬化身，在舞台上熱情演唱新歌〈The Scotts〉與其他代表歌曲。該演唱會共吸引了兩千七百七十萬名玩家觀賞，最高同時在線參與人數是一千兩百三十萬人。一位歌手的演唱會吸引超過一千萬的觀賞人數，卻完美無失。只有虛擬世界才辦得到。此外，透過遊戲的重播功能，該演唱會的影片點擊率達到四千五百八十萬次，崔維斯・史考特自己上傳到YouTube官方帳號的影片點擊率也達到七千七百萬次。

不僅如此，該演唱會的營業收益超乎想像。在演唱會結束後，崔維斯・史考特的歌曲使用率上升了25%，

▲ 二○二○年四月，美國知名饒舌歌手崔維斯‧史考特（Travis Scott）舉辦虛擬演唱會，吸引兩千七百七十萬名玩家觀賞。該場演出的直接與間接收益就達到 2,000 萬美元。©Epic Games

就連崔維斯‧史考特虛擬化身穿的耐吉鞋人氣也跟著飆升。當時，崔維斯‧史考特穿的鞋子是耐吉公司實際銷售產品，耐吉和《要塞英雄》也合作製作3D虛擬化身鞋款。

　　不僅如此，《要塞英雄》還販賣舞蹈動作和Emote特殊表情，並僅限參與演唱會的玩家購買。假如玩家購買舞蹈動作，玩家的虛擬化身就能跟著崔維斯‧史考特的舞蹈一起擺動，演唱會結束後，該舞蹈動作仍可繼續使用。Emote特殊表情不同於我們平常在聊天室使用的

表情符號（Emoticon），是虛擬化身能做出的特定表情或手勢，能幫助玩家傳遞情緒與訊息。

包括這一類的周邊商品和耐吉運動鞋等的銷售額，崔維斯‧史考特的虛擬演唱會帶來的直接與間接收益約為2,000萬美元。我再強調一次，五場演唱會，每場九分鐘，2,000萬美元收益，而且不需要演唱會場地租金、音響設備與其他舞台設備的費用。從純利來看，實體演唱會簡直沒法比。

雖說虛擬演唱會是因新冠疫情的情非得已之舉，但聽說崔維斯‧史考特對虛擬演唱會心滿意足。他表示：「能不受現實條件拘束，隨心所欲地佈置舞台。」

為了實現像崔維斯‧史考特的虛擬演唱會一樣的虛擬表演，需要投入很長的時間與龐大的設計、3D建模技術等資源。這自然不用多說。不過，這場演唱會證明虛擬表演能不限觀賞人數，也不受空間限制，虛擬空間則超越單純的宣傳空間，有助創出龐大的利益。

在這之後，很多歌手都到《要塞英雄》表演，像是二〇二〇年九月，防彈少年團通過皇家派對模式首次公開新歌〈Dynamite〉的舞蹈編舞版MV。玩家的虛擬化身可以欣賞防彈少年團的MV之外，還能跟著編舞一起跳舞。不出所料地，在MV公開後，該舞蹈的舞蹈動作

果然成為了虛擬化身周邊商品。

最近，美國流行樂歌手亞莉安娜·格蘭德（Ariana Grande）也在《要塞英雄》舉行虛擬巡演「Rift Tour」。這次的巡演和崔維斯·史考特的演唱會方式相同，三天內共舉行五場演唱會。亞莉安娜·格蘭德的巨人虛擬化身，和華麗的演唱會看點，同樣吸引了人們的視線。

百萬YouTuber的搖籃
——《Minecraft》

全世界最暢銷的線上版樂高《Minecraft》，
發掘、建造、破壞我們想像的元宇宙慣例。

▎Z世代最愛的元宇宙▎

如果說《機器磚塊》、《ZEPETO》和《要塞英雄》是最近受到關注的元宇宙世界，那麼有一個在數年前就擁有龐大使用者，甚至被稱為傳說的遊戲，那就是《Minecraft》。它又被稱為線上版樂高。作為主要元宇宙平台的一員，《Minecraft》使用者多為Z世代族群，玩家之間簡稱它為「MC」（又稱麥塊）。

《Minecraft》最初由瑞典獨立遊戲●開發公司Mojang Studio研發，於二〇一一年販售。玩家可以在所有東西都由3D方塊構成的世界中，開採（Mine）和合成（Craft）。

▲二〇一一年由瑞典獨立遊戲開發公司 Mojang Studio 開發的遊戲《Minecraft》。
©Minecraft

《Minecraft》的特色是，玩家能透過開採方塊能獲得各種材料，再利用這些材料進行建設、狩獵或農業等各式各樣的遊戲，還能可以設計電路板、設置電子裝置，與開發其他遊戲。

微軟早在二〇一四年便以25億美元收購 Mojang Studio，根據當時業界人士質疑收購價過高，不過在微軟收購之後，《Minecraft》獲得微軟的技術，擴展到個人電腦、行動裝置、Xbox、任天堂等多種硬體平台，

*獨立遊戲（Indie Game）
「Independent Game」的簡稱，指不受發行公司或投資公司干涉，由公司自行獨立開發出來的遊戲，主要指由個人或小團體製作出的成本低廉的電子遊戲。

迅速成長。

在那之後,《Minecarft》變成全世界最成功的遊戲之一。二〇一六年、二〇一八年與二〇二〇年的累積銷量分別為一億、一億四千四百萬套與兩億套,是有史以來的電子遊戲銷量排行第二名,單機遊戲中的第一名。史上最暢銷的電子遊戲是俄羅斯方塊系列遊戲,銷量四億兩千五百萬套,玩家數不亞於其他元宇宙平台。以二〇二〇年五月為準,《Minecarft》平均玩家數突破一億兩千六萬人,享有超高人氣。

▍粉碎後建造──《Minecraft》世界▍

《Minecraft》獲得人氣的原因很單純。樂高是全世界每個兒童必不可少的玩具,而《Minecraft》雖然只是一款遊戲,但玩家沒有特別需要達成的目標,也就是不設限,無規則。《Minecarft》就是個不被規則所束縛,什麼都能創造出來的世界。

《Minecraft》的基本玩法是,玩家控制自己的虛擬化身,遊歷世界,利用方塊製造「某」東西。「某」東西聽起來很彆扭,可是利用方塊,玩家能做任何「某」東西。到了夜晚,玩家為了不讓自己被夜晚出沒的怪獸(Monster)攻擊,可以蓋房子,收集更多材料,再把房

子改建成堡壘。

　　蓋房子蓋膩了，玩家可以到地底挖地，建設龐大的地下城。想在地面上蓋宏偉的建築也行，想蓋出像紐約曼哈頓一樣的華麗城市也行。玩家也能用方塊創造河流與大海。當厭倦製造東西時，玩家還可以去下載其他玩家製作的地圖回來玩。

　　玩家在《Minecraft》中蓋的建築物規模與細節超乎想像。因為新冠疫情的影響，美國柏克萊加利福尼亞大學（UC）的學生二〇二〇年在《Minecraft》蓋了學校。

　　學生們把柏克萊加利福尼亞大學裡最古老的建築南廳（South Hall），和校園的象徵薩瑟塔（Sather Tower），原

▲ 美國柏克萊加利福尼亞大學的學生親自在《Minecraft》打造出校園。©Minecraft

原本本地重現，且仔細到建築物之間的每一條道路和每一棵樹木，全都搬入了《Minecraft》裡。另外，學生不僅是複製建築物的外觀，就連建築物內部教室的書桌和研究室電腦也被搬進《Minecraft》裡。也就是把一個完美的複製版，以數位對映搬入了遊戲世界。

《Minecraft》裡的
柏克萊加利福尼亞大學

學生不僅能逛校園，還在這裡舉行畢業典禮。從校長、特邀講者、學生代表等，所有人都以《Minecraft》的虛擬分身，連上柏克萊加利福尼亞大學的地圖，舉行畢業典禮，並完美重現一起扔帽子的傳統畢業儀式。

如果玩家玩得厭煩了，還可以在自己創造的世界裡使用 Minecraft 模組（Mod）。舉例來說，假如玩家結合俄羅斯方塊模組，那麼就能在《Minecraft》中用巨大的方塊玩俄羅斯方塊；假如玩家結合賽車遊戲模組，就能在《Minecraft》裡自己創造的賽道上，享受賽車樂趣。Miniecraft 模組就是指在遊戲中創造另一種遊戲。

儘管《Minecraft》本身就是一種內容，不過在這個世界裡頭創造事物的過程，又是另一種內容。YouTube 上關於建造《Minecraft》世界的過程影片受到關注，還有玩家展示如何建造韓國的景福宮、青瓦台、六三大廈

等地標建築的過程的影片，同樣享有高人氣。

　　不僅如此，還有很多活用《Minecraft》的內容，即二次創作、三次創作一直在衍生。韓國第一位YouTube頻道達到百萬訂閱人數的知名網紅Yang Dding（양띵），透過艾菲卡TV暢聊《Minecraft》的有趣內容，深受喜愛。除了Yang Dding之外，擁有兩百三十七萬YouTube訂閱人數的韓國SANDBOX Network創始人DDotty（도티），以及擁有一百九十五萬YouTube訂閱人數的SleepGround（잠뜰）等的頻道，主要都與《Minecraft》內容有關。

主導元宇宙的平台
共同點是？

主導元宇宙世界的平台的共同點不是遊戲，也不是 SNS，
更不是 VR 和 VR 一類的硬體技術，重要的是內容，也就是 Content。

▌元宇宙代表選手的共同點▌

　　《機器磚塊》、《ZEPETO》、《要塞英雄》和
《Minecraft》的共同點為何？要說它們全是遊戲不完全
正確，《ZEPETO》很難斷言是遊戲還是遊戲平台，實
則更近乎社群媒體吧。可是，我們也不能把《機器磚
塊》、《ZEPETO》和《Minecraft》歸類為社群媒體，
很顯然地，它們都是遊戲公司開發出的遊戲。

　　遊戲元素和社群媒體元素的整合是元宇宙平台的整
體方向沒錯，但我們很難說它們都系出同源。因為無論
是設計、或是各自的內容、特性等都迥然有異。

而且它們也不受限於硬體裝置，換句話說，使用者不用 VR 或 AR 頭戴式裝置，也能連上這些元宇宙平台。除了前面提到的四個平台之外，後續還有很多元宇宙平台陸續出現，有些平台得用 VR 或 AR 頭戴式裝置才能享受樂趣，不過大部分平台靠智慧型手機或電腦就能上線。

　　在前述的四個所謂的「元宇宙老大哥」中，《ZEPETO》只支持行動裝置；《機器磚塊》支持電腦與手機裝置；《要塞英雄》支持電腦、行動裝置、遊戲主機 Xbox 與 PlayStatioin；《Minecraft》則提供跨平台服務，支持電腦、行動裝置、遊戲主機與 VR 裝置。由此可見，我們從硬體上沒能找到元宇宙平台的共同點。

　　不過，它們還有其他特性。非得要描述的話，可以說是內容層面，或說是元宇宙世界的特徵——都想引起使用者的關注，吸引使用者入駐平台。多虧這一個共同點，它們各自擁有兩億名使用者，得以成為元宇宙代表選手。讓我們仔細了解其共同點。

如我所願，
開放世界

無目的也無限制，寬廣的虛擬世界，
使用者得自己創造事件才能成為元宇宙。

▍許虛擬化身一個自由，無制約性 ▍

事實上，這些現在備受全世界矚目的元宇宙平台，不是一開始就打著元宇宙的旗幟。《機器磚塊》、《Minecraft》、《要塞英雄》的上市年度分別是二〇〇六年、二〇一一年與二〇一七年。最晚推出的《ZEPETO》則在二〇一八年才上市。

這些服務推出距今短則三年，長則十五年，卻不約而同地在二〇二一年前後，突然因為元宇宙受到關注。問題是，它們早就踏上成長之路許久。在元宇宙吸引大眾目光之前，它們已擁有近億名使用者。它們究竟是哪

一點吸引使用者，還被認可為元宇宙平台呢？

　　最大的原因是，它們都是「開放世界」（Open World）的平台。開放世界，如字面所言，就是開放的世界。就像我在第一部分簡要說明過的一樣，開放世界是用來說明遊戲類型的概念，意指玩家操作的虛擬化身，能自由自在地在遊戲中的虛擬世界行走、探險，還能創造事件。

　　這裡的「事件」（Event）指的不是特定事件或活動，是指遊戲中未定之事，也就是脫離遊戲開發者的意圖所發生的各式各樣事件。換句話說，構成遊戲的要素，與玩家做出的行為舉動碰在一起，創造出意外事件，正如我們的現實生活一樣。人生多意外，以致於我們的人生被形容為「偶然的延續」，我們每一刻作出的選擇，都會帶來不同的結果。

　　其實現在對於「開放世界」的定義可說是莫衷一是。由於遊戲中的元素眾多，對於哪些元素要賦予自由度，自由的程度開放到哪裡，才能被稱為開放世界，至今仍眾說紛紜。

　　一個開放世界要能滿足元宇宙的條件，從使用者操作層面來看，虛擬化身應享有行動自由；從目標層面來看，虛擬化身應無目的性。換言之，問題在於，我的虛

擬化身的活動自由度有多少，在虛擬遊戲中，我的虛擬化身有沒有要一直達成某個目標。這跟我們過去玩的遊戲，有著天壤之別。

在二〇〇〇年代與二〇一〇年代，角色扮演遊戲（RPG）是遊戲市場的霸主，有許多人主張RPG遊戲是元宇宙的始祖，或評價為元宇宙的原型。首先，RPG遊戲裡也有寬廣的虛擬世界，玩家的虛擬化身可以走在現實世界無法比擬的遼闊世界，或是使用稱為「傳送點」（Portal）的移動裝置進行移動。

玩家在進行RPG遊戲的過程中，會產生周遊虛擬世界的感覺，並按時間的不同，能邊欣賞高規格的3D圖所構建的自然景觀和宇宙，邊享受遊戲。雖然這些虛擬世界只是背景，就算玩家的虛擬化身遠遠地看見山，也無法走近山。很多時候，就算虛擬化身靠近了山，就會像被無形的玻璃擋住一樣，無法再靠近，更別說要攀登。

RPG遊戲的背景只是一個為了達成遊戲大目標的設計而已。遊戲開發者設計好由虛擬化身能移動的空間，其目的只是要讓虛擬化身去解大大小小的任務（Quest）。不管背景多麼華麗、美麗，虛擬化身最終還是得沿著規定好的路線，前往規定好的地點，才能完成遊戲任務。

▲ 韓國暴雪公司開發的 RPG 遊戲《暗黑破壞神II》，雖然體現了遼闊的虛擬世界，不過虛擬化身得沿著規定好的路線走，才能推動遊戲進行。©Blizzard Entertainment

二〇〇〇年代初期，暴雪公司開發的RPG遊戲《暗黑破壞神II》，享有高人氣。《暗黑破壞神II》有著廣闊的虛擬區域，虛擬區域之間是相連的，可是，當玩家的虛擬化身走到了區域的盡頭，就會被擋住，牆壁或樹林等元素會把該區圍死，不讓虛擬化身越過邊界或從縫隙中脫身。

雖然虛擬化身可以稍微脫離規定好的路線，但最後還是得按著地圖指示，才能殺死怪獸，找到傳送點（Waypoint），完成遊戲。簡言之，RPG遊戲的模式是，玩家得按照遊戲開發公司的程式設計走，才能完成遊戲。

除了《暗黑破壞神II》之外，RPG遊戲的結構大多

是封閉系統，只有玩家在規定好的虛擬世界中，執行規定好的行為，才能把遊戲玩到破關。

▌隨心所欲，無目的性▌

過去遊戲的另一個問題是，有目的性。大部分的遊戲都有目的性，有勝敗、有生死，和元宇宙相仿的 RPG 遊戲更是如此。RPG 遊戲有貫穿整個遊戲的大不標，而玩家為了達成目標，得先完成一連串的任務，任務沒完成，就休想破關。

一旦玩家達成了大目標，就會退出遊戲。如果是玩家聚集的多人網路遊戲，情況會稍微好一點，隨著玩家社群的形成，玩家退出遊戲的速度會慢一點，可是，假如遊戲本身沒有不斷地更新，玩家終有離開的一天。

所以，開放世界就是隨著遊戲的自由度放寬出現的新概念。玩家不用按照規定的路線行走，能像旅行一樣，隨意遊走於廣大的虛擬世界，自創事件，玩家的行為會創造出全然不同的結果。

如此一來，玩家停留遊戲世界的時間自然地變長，遊戲沉迷度也更深。因為玩家超越了只消費遊戲開發者所提供的遊戲內容，並能發揮主動性，在遊戲中創造事件。

歸納上述內容，開放世界就是提供玩家能隨心所欲，任意而為的虛擬空間。

　　現在大多數的元宇宙平台都套用了遊戲的開放世界概念。不。不只是借用，我們可以說是它們照搬開放世界的概念，以此為基礎設計了元宇宙服務，或者可以乾脆說，這些平台的本身就是開放世界類型的人氣遊戲。

　　多數使用者能像旅行一樣，遨遊遼闊世界。在虛擬世界中旅行是很多人解釋元宇宙常提到的概念。元宇宙不需要特別延展新的空間，也不會有目的性。

　　那麼，我們來看看元宇宙平台實際的運作方式吧！先看開放世界的代表遊戲《Minecraft》。《Minecraft》的世界總面積達到三十六億平方公里，而實際地球的表面面積約五億平方公里，意思是《Minecraft》的世界比地球大七到八倍。玩家可以邊走在虛擬世界中，邊進行不同的活動，像是開採礦物、蓋堡壘、製造武器和守護家園等等。

　　就像前面說過的，《要塞英雄》有許多模式，其中，皇家派對模式被歸類為元宇宙。但只有在名為皇家島的有限空間才能享受樂趣。從空間看來，皇家島不大，而從開放世界的另一項特性「無目的性」看來，玩家進入皇家派對模式，就能毫無目的的休息，不用像其

▲《要塞英雄》的皇家派對模式，讓玩家能無目的地休息，不同於其他模式的目的不同，不用對付無止盡湧上的 AI 敵人，或與其他玩家展開戰鬥。©Epic Games

他模式一樣，或要對付無止盡湧上的 AI 敵人，或得與其他玩家戰鬥。《要塞英雄》因此被認定為元宇宙世界。

《ZEPETO》也提供使用者自由選擇不同的世界，也就是虛擬空間。它原本只是單純的創造虛擬分身，以虛擬分身為主的社群媒體，能迅速成長為元宇宙平台，就是因為提供了使用者創造不同世界的功能。《ZEPETO》官方現在提供的世界有數萬個。

元宇宙之所以能舉行各種社交聚會和活動，並進行經濟活動，也是多虧了開放世界的特性，玩家在開放世界中，不用按既定的路線行動，能自由自在，隨心所欲地移動和創造事件。

就像癩蛤蟆蓋房子，
沙盒

想做什麼就做什麼的空間，沙盒，
使用者能邊親自製作與開發內容，邊維持元宇宙世界的運作。

▌使用者創造的世界▐

　　另一個元宇宙的元素就是「沙盒」，它也是遊戲中會使用的主要概念之一。沙盒的英文是Sandbox，語源來自兒童在被規定好的空間裡，不限形式，且保障安全的情況下進行堆沙。

　　在遊戲中，沙盒就像用沙子堆城堡一樣，也像癩蛤蟆用沙蓋房子一樣，是給予使用者高度創作自由空間的類型遊戲。雖然沙盒的概念近似開放世界，不過沙盒類型的遊戲中，使用者擁有更多能自由創作的元素。

　　使用者能利用遊戲內建工具（Tool），創造地形、地

貌和眾多事物，還能積極活用外部要素，創造另一個虛擬空間或另一個遊戲。

　　沙盒類型遊戲的自由度比開放世界類型遊戲高，很多時候，使用者不會被指派目標，即使有，使用者也可以按自己的意願修改目標。傳統遊戲必須達成某個目標以獲得成就感，這與沙盒遊戲之間，有著明顯的差異。

　　不過也正因為這種特性，沙盒遊戲是否該歸類於遊戲一事，仍有爭議。有人認為它不是個遊戲，應該歸類為虛擬空間製作工具。沙盒遊戲沒多少遊戲元素，不過擁有虛擬空間和虛擬化身罷了。這的確是事實。正因如此，自從元宇宙概念浮出水面後，許多沙盒遊戲半推半就地被稱為「元宇宙平台」。說不定日後「沙盒」的單詞，會被元宇宙所替代。這種事確實正在發生中。

　　那麼套用沙盒概念的元宇宙會發生什麼事呢？在代表性的沙盒遊戲《機器磚塊》中，玩家正利用 Roblox Studio 功能，創造新遊戲。儘管這些遊戲並不是我們想像的，擁有華麗 3D 畫面的高品質遊戲，但《機器磚塊》提供直覺的遊戲開發工具，哪怕是個小學生，只要有好點子，就能輕而易舉地開發出遊戲。

　　小學生利用遊戲開發工具製作遊戲，上傳《機器磚塊》。有很多是模仿經典遊戲與最新遊戲的作品，也有

全新創作作品，包括RPG、射擊與恐怖遊戲。《機器磚塊》上的遊戲開發者超過八百萬人，截至目前為止已開發了五千五百萬款以上的遊戲，以《Tower of hell》為例，它是一款玩家限時內必須越過障礙物登上塔的遊戲，其累積玩家數目超過一百零六億人。

《ZEPETO》的情況類似，內建有「Build it」（빌드잇）功能，使用者可以拿來建構空間。就像遊戲中的「Map Editor」一樣，使用者可以製作專屬《ZEPETO》地圖，也就是World。使用者利用各種要素裝飾自己的夢想空間，包括不同的地形、世界上形形色色的元素，另外可以設置大型電子螢幕或海報，也能蓋房子。

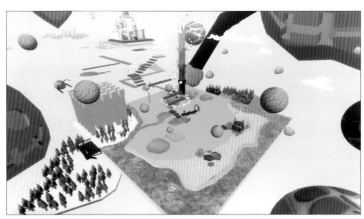

▲ 在《ZEPETO》裡，可以創造我想要的世界的功能——「ZEPETO Build It」。
©Naver Z

使用者可以自定World的特別規則，像是調整重力
——讓使用這張地圖的使用者一跳就能跳到建築物盡
頭，或是調快跑步速度，享受賽跑，或把幾十輛汽車堆
在一起，通過跳躍功能像登梯一樣，一步步往上爬。

我認為看著虛擬化身們專注地跳上一輛輛汽車的模
樣，非常有趣。它不是遊戲，卻有玩遊戲的樂趣。

使用者也能利用World和虛擬化身拍攝獨一無二的
電視劇或電影。因為有能表現出一千多種表情的虛擬化
身，使得這件事變得可能。如果使用者有想自導的主題
或題材，可以把虛擬化身當成演員，自導作品就行了。
就像電視台裡有不同的攝影機一樣，《ZEPETO》裡並提
供多種相機角度與編輯功能。用《ZEPETO》內建工具
拍出來的作品就叫「ZEPETO電視劇」，簡稱「ZEP-D」
（젭드）。

┃沙盒召喚而來的 UGC 世界┃

包括ZEP-D在內，利用《ZEPETO》的虛擬化身和
功能所產出的作品，被稱為「使用者生成內容」（User
Generated Contents，簡稱UGC），意思是使用者改變、編輯
和傳播服務的內容。《ZEPETO》內產出的作品就超過
十億件，超越了普通平台的產出作品數。使用者把這些

UGC再次分享到其他平台上，如Instagram、YouTube和Facebook等，正在擴張ZEPETO生態系統。

最後，《ZEPETO》也有Studio功能，主要用來製作ZEPETO虛擬化身的服裝。使用者只要把自己的設計放到《ZEPETO》提供的道具模版上，就能輕鬆地做出一套虛擬化身服裝，就像小時候文具店會賣的紙娃娃一

《ZEPETO》Studio 影片

樣，因為使用者只需在規定的畫紙上上色，所以即使沒有專業設計知識，每個人仍舊能輕鬆製作服飾。

不僅如此，《ZEPETO》也提供從事設計工作，擅長使用設計工具的專家的3D模版，做出更華麗的服裝。已有超過五十萬名使用者，利用Studio功能，製作出一千五百萬套以上的服裝及其他作品。

這些沙盒要素和開放世界結合，豐富了元宇宙世界，把它們稱為把元宇宙變成「元宇宙」的核心要素並不為過。多虧如此，元宇宙世界才能無盡地提供內容，良性循環。遊戲製作或經營遊戲平台的公司，只要準備好工具，不用特別努力照樣能用內容填滿平台。

二〇二〇年，《ZEPETO》首次公開Studio服務時，六萬多人製作參與，通過此功能產生的作品數約兩萬

件。然而，一年後，《ZEPETO》創作者增加了八倍，增長到五十幾萬人，作品數足足增加七百五十倍，達到一千五百萬件，正是所謂的「爆發性」成長中。

在這種情況下，使用者為了確認在自己不上線的時候，元宇宙世界發生了什麼事，或有什麼好玩的事，於是不停地尋找提供新內容的平台。

使用者這麼做的原因，就像我們會訂閱愛看的YouTube頻道，有空上去看看「今天有什麼新東西嗎？」，也像Instagram或推特等社群媒體，想看今天發生了什麼事，我的朋友去了哪裡，吃了什麼等等。好奇心驅使他們上線。

以沙盒和開放世界為基礎的元宇宙世界中，內容的權力結構也產生了變化。這一點可以說是遊戲與元宇宙的最大不同點。

早期的遊戲是「由上而下」（Top-Down）結構，即玩家只能使用遊戲設計者與開發者製作的成品，得按照程式設計行動，才能實現遊戲最終目標。不過，在元宇宙世界中，使用者可以自行開發內容，創造世界，變成了「由下而上」（Bottom-Up）結構，意即維持一個世界的動力，最終來自使用者創造的內容。

像這樣，開放世界與沙盒是使元宇宙能作為一個世

界運作的基礎。元宇宙以無限的自由和提供可創作環境的環境，建立文化、經濟與社會，成為了一個世界。

虛擬化身
和社群

把元宇宙世界變成一個社會的虛擬化身與社群，
以此為基礎，元宇宙進化成尋找自我的「第三空間」。

▌我的另一個身分，虛擬化身▌

　　若說，開放世界與沙盒，負責了元宇宙世界的文化，也就是文化內容，那麼虛擬化身就是元宇宙建構社會的必備要素。

　　虛擬化身是元宇宙必備要素之一。《機器磚塊》創始人大衛·巴斯佐茲基（David Baszucki）也把虛擬化身列為元宇宙必備要素之一。借用巴斯佐茲基的話，虛擬化身是元宇宙中證明身分的方法。就像我們想使用某網路服務就得註冊帳號一樣，我們想使用元宇宙就得有虛擬化身。

因此，所有的使用者在元宇宙世界中，都以虛擬化身的型態具有有限制性的身分，通過該虛擬化身，使用者可以用想要的方式表現自己，替與自己相似的虛擬化身打扮，展示個人特性。

　　虛擬化身也是元宇宙世界的重要輸入裝置之一。在現實世界中的我所做出的行為，會影響到虛擬世界的代理人——虛擬化身。當然，硬體裝置才是真正用來操控虛擬化身的輸入裝置，像是滑鼠、觸控板和操縱桿。不過，對使用者來說，這些硬體裝置不過是讓虛擬化身能有動作的裝置，感覺上來說，他們與其他使用者之間的相互作用是通過虛擬化身實現的。

　　也有元宇宙世界是不採用虛擬化身，提供第一人稱的服務。他們認為第一人稱提供使用者在虛擬世界中的存在感與歸屬感，優於第三人稱服務，即虛擬化身服務。同時具有更高的沉浸度。

▎溝通和紐帶的媒介 ▎

　　虛擬化身也是使用者交流與建立感情紐帶的媒介。使用者藉由虛擬化身和其他人交流，建立友誼，反之，其他使用者也會利用他們的虛擬化身，和我建立人際關係。雖然大家是在虛擬世界中認識的，不過虛擬化身形

▲ 虛擬化身也是使用者交流與建立感情紐帶的媒介。使用者藉由虛擬化身和其他人交流，建立友誼。©Naver Z

成了一個人格主體之間的關係。

在過程中，社群成立了。巴斯佐茲基說的另一個元宇宙必備要素「朋友」（Friend）在此發揮作用。靠虛擬化身成立的社群，和看不到彼此的對話聊天室不同，前者發揮更強大的力量。

在連上的虛擬世界中，靠著一個叫「虛擬化身」的存在型態，你能確認你的朋友也是真實存在的。就結論而言，虛擬化身是使用者被元宇宙世界留下烙印^{（譯註）}

譯註：指烙印現象（Imprinting）。指的是剛出生不久的小動物對第一眼看見的生物會產生依戀之情。烙印現象產生，會變成一種習慣。

的要素。

　　在元宇宙世界中形成的社群，讓元宇宙成為使用者的休憩空間。很多人在網路上尋找自我存在感，儘管大家都有現實世界的人際關係，但也想經由虛擬世界中的「我」建立人際關係。使用者和現實世界中素昧平生的人，經由虛擬化身，創造出另一個我所隸屬的社會。

　　新冠疫情導致的不見面狀態延長，加速了此一現象的速度。在遊戲世界中，網路社群以「行會」（Guild）的形式出現，在元宇宙世界中，人們正自然而然地通過虛擬化身見面。像《ZEPETO》或《要塞英雄》中的皇家派對模式，邊休息邊享受的虛擬空間越來越多，使用者聚集的地方也正在增加。

　　有些人很難理解使用者在虛擬世界中所感受到的安逸與舒適感，也有很多人問到底現實世界這麼大，為什麼偏偏要和不認識的人，而且是在虛擬世界中一起度過，這是遊戲上癮吧？是浪費時間吧？這時候，有句話足以成為答案。那就是《魔獸世界》遊戲總監伊恩・哈齊科斯塔斯（Ion Hazzikostas）說的。

　　伊恩・哈齊科斯塔斯畢業於哈佛大學及紐約大學法學院。他過去是名律師，在二〇〇四年接觸《魔獸世界》後，二〇〇八年辭去律師職務，進入暴雪娛樂。在

那之後，他平步青雲，當上《魔獸世界》的總監。在某次採訪中，他敘述自己迷上《魔獸世界》的經過，還有他當時身為一名遊戲玩家的感受。從他的採訪中，我們可以理解為什麼人們會沉迷在虛擬世界，用虛擬化身進行幾小時的交流：

「我登入後走在遊戲世界的街道上，縱躍於高樓大廈樓頂，和朋友或行會成員聊天就能愉快地度過好幾個小時。我沒有在探索地下城（Dungeon），也沒有進行其他的任務，我只是想知道大家在遊戲世界裡面幹嘛，同時也感受我自己在遊戲世界的存在感，和別人分享不同的體驗。」

從上面的描述，我們可以確認元宇宙創造出的元宇宙社群，具備多強大的功能。再讓我借用美國城市社會學家暨西佛羅里達大學社會系名譽教授雷・歐登伯格（Ray Oldenburg）說過的「第三空間」定義吧！雷・歐登伯格說元宇宙可以算是一種「第三空間」（The Third Place），是人們維持社會關係紐帶的空間，也是尋找自我的空間。

雷・歐登伯格所說的第三空間，指的是能放心和朋

友或同社群成員見面的咖啡廳或啤酒屋，不是第一空間的「家」，也不是第二空間的「公司」。第三空間是使用者一個禮拜會去好幾次，舒服地建立人際紐帶的文化空間，也是能確認自我存在感的地點。雷‧歐登伯格認為不管人在哪裡，第三空間的存在能安撫現代人疲憊的心靈。

通過虛擬化身組成的元宇宙社群，也具有相同功能。因日常而疲憊的使用者，可以抽空登入虛擬空間，和能輕鬆交流的朋友見面，操縱能表達自我的虛擬化身，做自己想做的事。這成為吸引人們再次回到元宇宙的誘因。

▍虛擬化身為何逐漸單純化？▍

從二〇一〇年代後期開始，由蘋果、三星和《ZEPETO》領頭，3D虛擬化身變得比過去單純，整體形象變得更強調臉部。過去有著修長的八頭身身材的虛擬化身，變成了五頭身和四頭身，平台提供使用者的客製化要素也集中在臉部。

諷刺的是，這種變化始於科技進步。由於AR技術和3D掃描技術的進步，使用者可以在虛擬化身的臉上表露自己的表情變化。像是蘋果公司就提供功能，讓使

▲ 二〇一一年推出的遊戲《劍靈》中的虛擬化身（左），與《機器磚塊》中的虛擬化身（右）。©NCSoft ©Roblox

用者能把自己的表情，錄在自定個人化大頭照服務上，製作表情符號。

　　當我聽見別人說的話，感到荒謬或快樂而做出的表情，如法炮製移植到我的虛擬化身上。過去使用者通過文字聊天或音訊聊天難以傳達的情緒，現在可以通過虛擬化身準確地傳遞給對方。

　　《ZEPETO》也提供以AR技術為基礎所生成的臉部識別功能——「鏡子功能」（미러 기능）。鏡子功能可以自然模仿使用者細緻的表情，虛擬化身能完美地

貼近使用者實際日常中做出的無數表情。虛擬化身與真實的我之間的界線，從這些小細節開始，正被抹去中。隨著虛擬化身具備臉部特徵與微妙的表情變化，更加強調臉部的虛擬化身的整體形象受到青睞。

「個人化」是虛擬化身從過去一直延續到現在的特性。「誰可以創建出更好看的虛擬化身」、「誰能提供更像人類的虛擬化身」的競爭已經落下帷幕，現在平台專注在提供使用者一個能在網路上表達自我的服務——「雖然像我，但卻是另一個我」。

月收入49,000美元，
創作者經濟

《《《

>>> ———

沒寫過程式的二十歲年輕人，月收入49,000美元，
成為遊戲開發者的創作者經濟。

▎什麼是創作者經濟？▎

　　「開放世界」提供使用者隨心所欲的空間，「沙盒」
提供使用者想做什麼就做什麼的自由，「虛擬化身」是
讓使用者表現自我，與人溝通的媒介。三者獨立或聯
手，讓元宇宙成為了一個真正的世界，使用者能在上面
從事社會、文化或經濟活動。

　　開放世界和沙盒是負責文化活動，虛擬世界則負責
社會活動。換言之，經濟活動就是由元宇宙世界的經濟
體系「創作者經濟」●實現。平台使用者能靠自己生成
的物品或內容獲得收入，正形成了吸引更多使用者湧入

元宇宙的良性循環。

　　創作者經濟不是元宇宙的限定詞彙，部落格和YouTube 早已印證其潛力。NAVER 漫畫和 Kakao 網路漫畫生態體系──「人人都能成為漫畫家，被選中的話就能在平台上連載」──也是創作者經濟之一。

　　即使不是專業人士，零經驗的業餘人士，也能靠自己的才能維持生計。Z 世代──喜愛自由自在展現自我個性的世代──更進一步地驅動創作者經濟體系的擴張。

　　曾有人對美國與英國八到十二歲的兒童為對象進行調查，結果顯示，大約有30%的兒童未來夢想成為YouTuber 或 Vlogger。創作者（Creator）也是韓國小學生未來夢想職業的第三名。這兩項都是二〇一九年進行的調查，而當時新冠疫情還沒進入大流行狀態。

　　根據英國經濟分析機關牛津經濟研究院表示，二〇一九年的創作者經濟之一的YouTube 經濟規模貢獻

---

*創作者經濟（Creator Economy）
指讓創作人在網路平台上專注於創作活動的經濟體系。越來越多的平台為創作者而生，其落實了結帳請款技術，形成「生態體系」。當創作者的追蹤人數達到一定數字，或作品達到一定的點擊率，YouTube 會給創作者廣告分紅收入，就是創作者經濟的代表性事例。

給美國國內生產毛額（GDP）的數額是160億美元。據推測，此結果相當於三十四萬五千個正職職缺。

　　創作者經濟成了元宇宙世界的重要關鍵詞。為了把更多的使用者帶入元宇宙，讓他們在元宇宙世界裡度過時光，創作者經濟是企業不得不思考的關鍵。

▎一個月賺49,000美元，Roblox經濟▎

　　二○二一年二月，外媒報導美國青年伊登・賈布隆斯基，在二○二一年一月賺進了49,000美元。這是非常驚人的數字。假如算年薪則是58萬8,000美元。他不過是個二十歲的年輕人。

　　不過另一方面，我覺得外媒過於大驚小怪，儘管是少數，但有不少專業人士有49,000美元月薪的水準。這位年輕人之所以受到矚目，是因為他的收入來自機器磚塊。他做了什麼呢？他開發了遊戲，從販賣遊戲中的服裝和武器等道具獲得收益。

　　有人問他是個厲害的程式設計師嗎？並不是。他說他不會寫程式，只是利用了《機器磚塊》提供的開發工具 Roblox Studio 來製作遊戲。他所製作的遊戲叫《Bad Business》，是一款第一人稱射擊遊戲（FPS），最多同時上線玩家數為二十六名。

▲ 全無遊戲開發經驗的二十歲青年，靠著 Roblox Studio 功能創作出的《Bad Business》，在一個月內賺入了 49,000 美元。©Roblox

　　像這樣，《機器磚塊》展現了元宇宙代表平台的應有形象，在創作者經濟方面展示了強大的力量。正如我在前面說明的，《機器磚塊》是一個使用者能直接開發並分享遊戲的平台，裡面有不少免費遊戲，但也有要收費的人氣遊戲。使用者必須花錢買創作者開發的遊戲，或購買入場券支付部分金額。

　　使用者只要用虛擬貨幣「Robux」支付就行了，在《機器磚塊》官方網站上現金購買，1 Robux 的價格為 0.01 美元。遊戲費用介於 25 美元到 1000 美元之間。

　　當買賣成交時，《機器磚塊》會支付遊戲開發者

70%，即當有人購買在遊
戲中增加勝率的道具或虛
擬化身的服裝時，遊戲開
發者會獲得30%的相應成
交金額。

遊戲開發者也可以把
Robux對換成現實世界的
貨幣，也可以透過Paypal
等網路支付系統，對換成
點數。1Robux可以換成約

▲《機器磚塊》的通用虛擬貨幣
「Robux」，1 Robux 的價格為
0.01 美元。©Roblox

0.0035美元。也就是說，創作者在元宇宙裡頭付出的努
力，能換到實際收益。

隨著《機器磚塊》的人氣增加，創作者經濟生態體
系也擴大中。遊戲開發者與遊戲數量持續地增加，購買
Robux的人數規模也在增長。Roblox公司每次公布業績
時，都會公開季度訂閱收入（Bookings）。季度訂閱收入
是使用者購買了多少Robux的指標。

Roblox公司公布的二〇二一年第二季度業績結算額
為6億6,550萬美元。相較於新冠疫情擴散前的二〇一九
年第四季度業績2億4,960萬美元，增加了2.67倍。

Robux是使用者想玩遊戲或買道具時必須買的虛擬

貨幣，隨著《機器磚塊》的結算規模增加，《機器磚塊》裡的遊戲開者的收入也正在暴增。二〇一九年第四季度時，《機器磚塊》給遊戲開發者的分紅為3,980萬美元，而時至二〇二一年第二季度，數額邊增為1億2,970萬美元。

這個金額當然不是平均分配給每個遊戲開發者，像伊登‧賈布隆斯基一樣的人氣遊戲開發者並不多。以二〇二〇九月為準，過去十二個月裡，收入超過1,000萬美元的《機器磚塊》中的遊戲開發者，僅三名，而收益超過10萬美元與1萬美元的遊戲開發者分別有二百四十九人及一千五十七人。

隨心所欲的沙盒，是和創作者經濟相結合所形成的強大力量。使用者正在利用那份力量，為了好玩而製作的遊戲，變成了支撐平台的內容，從而獲得收益。這種結構將成為擴張元宇宙世界的主要支柱。

預計未來會有越來越多高收入的遊戲開發者。因為光是二〇二一年，《機器磚塊》提供遊戲開發者的總金額就增加了近三倍。之以會如此，是因為人們聚焦在元宇宙代表平台《機器磚塊》，在上面砸了更多的錢。

▌虛擬化身也是客戶，浮上檯面的D2A▐

虛擬化身成為了創作者經濟與元宇宙經濟的重要元素，可是如果有人問，是不是只要加入平台，創建虛擬化身就能賺錢，那就錯了。

對加入元宇宙的人來說，有個人特色的虛擬化身是一大重要誘因。為了表現我的個性，不停地用不同的道具替虛擬化身打扮。能改變虛擬化身外貌的服裝和道具稱為「造型」（Skin）。

創建虛擬化身多為免費，簡單來說，只要註冊會員，平台就會免費提供虛擬化身。可是「造型」得收錢。因為平台只提供新會員穿著一件T恤和一件褲子的虛擬化身，為了替虛擬化身打扮，使用者自然而然地會購買造型。

大家不妨回想過去的Cyworld。現在三十到四十多歲的人應該都有過類似經驗，經常充值Cyworld的虛擬貨幣（橡實）買能裝置迷你主頁的道具，包括壁紙、家具、Minimi衣服，以及背景音樂。

另一個販賣造型出名的多人線上戰鬥遊戲服務則是《英雄聯盟》。它雖然不是使用虛擬化身的元宇宙平台，不過銷售造型帶給它驚人收益。

《英雄聯盟》的遊戲方式是以五對五的方式進行。

▲《英雄聯盟》造型銷售收入為 70 億美元,還和國際名牌路易威登(LV)推出聯名
款。©RIOT GAMES

玩家選擇想要的遊戲角色後登入遊戲。為了展現自己的
特色,玩家可以穿戴造型。有系統提供的免費造型,也
有付費造型,不過玩家角色的戰鬥力不會因為付錢買造
型而增加,付費造型只是改變虛擬角色的外表和使用招
式時的視覺效果(Effects)。

即便如此,為了凸顯自我特性與展現華麗的戰鬥效
果,玩家們仍甘願付錢買造型。每個造型約 2.3 美元到
19 美元之間,還有售價昂貴的限定期間銷售的限量版
造型。新造型不斷地推陳出新。

《英雄聯盟》的角色有一百四十種以上,每個角色
有多款造型。以二〇一九年為準,玩家得花 3,750 美元

才能買齊所有造型。

《英雄聯盟》的造型收益和它的全球人氣，同樣驚人。二〇二〇年，經營《英雄聯盟》的公司拳頭遊戲（RIOT GAMES），捐出第一千款造型的總收入。據悉，僅一款造型的收入就有600萬美元。

元宇宙平台也很流行買造型。因為替虛擬化身打扮是元宇宙最重要的內容之一。以擁有三億五千萬名使用者的《要塞英雄》為例，使用者一個月平均花20美元買造型。回推計算的話，《要塞英雄》的販售造型收入就有70億美元。

造型是元宇宙的收入來源之一，也是元宇宙用戶創造收益的機會。《Minecraft》也開放管道，除了讓使用者能自行創造造型，並且透過《Minecraft》的虛擬貨幣「Mine Coin」，和其他使用者進行造型買賣交易。

NAVER的《ZEPETO》同樣提供相同服務，讓使用者能利用Studio功能製作並銷售虛擬化身的服裝與飾品。據悉，有使用者每個月的淨收益達到2,300美元，甚至有人索性轉行當虛擬化身服裝設計師。這可以算是一種元宇宙與虛擬化身創造出的新興職業。

虛擬化身經濟同樣成為各大時尚企業的機會。各企業提供虛擬化身服裝，使用者會為了虛擬化身購買現實

世界真實存在的服裝，與款式相同的物品。

最具代表性的事例是，美國足球協會正和《要塞英雄》合作，提供三十二支聯盟球隊的制服給虛擬化身。耐吉也在《要塞英雄》上出售虛擬化身的鞋款，名牌Mac Jacobs和范倫鐵諾（Valentino）也正在任天堂的《集合啦！動物森友會》出售新款服飾造型。

雖然這些造型和現實世界的物品長得一樣，不過比現實中更便宜。使用者不用花大錢就能用名牌從頭到腳打扮自己的虛擬化身。這是現實世界中很難實現的事。

站在時尚企業的立場上，他們只需要製作一次造型就能無限地販賣，不需要投入額外的製作費或運輸費。既能提高品牌知名度，又能獲得些許利益，而且現在的蠅頭小利，具有無限成長潛力。

上述說的企業製作虛擬化身服裝與飾品，吸引使用者前來替虛擬化身購買產品，這種模式叫「D2A經濟」（Direct to Avatar）。

根據《富比士》（Forbes）雜誌，D2A經濟的市場規模在二〇一七年達到了300億美元，預計二〇二二年將達到500億美元。

同樣地，這對平台經營公司來說也是好事。自己公司內部不用製作虛擬化身服裝，由外部公司負責做好

後，到自己的平台上販售，還能帶來效果，讓平台使用者享受的內容變得更豐富。平台經營公司只要抽取成交手續費就好了。

元宇宙世界
也走向了創作者經濟

元宇宙世界也正以創作者經濟的方式擴張，
這是邊積累使用者內容，邊拓展外延的方式。

▎擴張的內容生態體系 ▎

　　雖然元宇宙世界中有擴張的創作者經濟，不過也有元宇宙自己開發、販售作品的情況。會這麼做的平台，主要是XR內容流通平台——包括VR和AR在內的。這是由於VR和AR硬體的普及，被驅動的內容需求也增加了。

　　尤其是生產VR與AR硬體的大型科技業，為了掌握內容的生態體系，目前正在快速行動。其中，Meta是最具代表性的企業。二〇二〇年十月，Meta推出VR頭戴式裝置Oculus Quest 2，主導了VR頭戴式裝置市場。以

二〇二一年第一季度為準，Oculus Quest 2的市場占有率突破75%。

　　購買 Oculus Quest 2的顧客，可以在 VR 內容平台「Oculus Store」購買各種 VR 內容。儘管在 Oculus Store 平台上有 Oculus 母公司 Meta 親自開發的內容，但更多的是外部企業開發後上架販售的內容。這是 VR 內容生態體系的開端。Oculus Quest 擴張硬體生態體系的同時，內容生態體系也隨之擴張，參與其中的企業營收正節節攀升。

　　根據 Meta 公布的數據，截至二〇二一年二月為止，有六個以上的原創內容營收超過1,000萬美元。更驚人的是，有六十九個內容營收超出了100萬美元，相較於二〇二〇年九月的三十八個內容，增加1.5倍以上。

　　《節奏光劍》是 Oculus Store 上人氣最高的遊戲。它是捷克遊戲公司 Hyperbolic Magnetism 製作並販售的 VR 節奏遊戲。玩家雙手高舉光劍（Light Saber）隨音樂揮斬飛來的積木。

　　據悉，有四百個帳號購入這款遊戲，遊戲中販賣歌曲數就有四千萬首。從二〇一八年四月上市，預計銷售額達到了1億8,000萬美元。《節奏光劍》在二〇二

年二月公布的銷售數量約兩百萬份，共銷售一千萬首歌曲，可以看出它的銷售量正以驚人的速度增加。

▌好點子就是錢▐

韓國遊戲公司MIRAGESOFT開發的釣魚遊戲《Real VR Fishing》的銷售額也達到300萬美元。該款遊戲包括漢江在內，網羅全世界釣魚勝地。寫實的電腦圖像和Oculus Quest 2的振動反饋功能（Haptic Technology），被評價為「如實體現了釣魚的手感」。

雖然XR生態體系正在擴張，可是普通人很難開發XR內容，大部分取得成功的內容開發公司，原本就是

▲ 韓國遊戲公司 MIRAGESOFT 開發的釣魚遊戲《Real VR Fishing》，是在 Meta Oculus Store 創下 300 萬美元銷售額的人氣遊戲之一。©Miragesoft

遊戲公司或XR開發公司。

　　不過，普通人還是能靠著像《機器磚塊》或《ZEPETO》提供的各種Studio功能，輕鬆地開發元宇宙核心內容，即XR內容。舉例來說，使用者可以利用蘋果公司的ARKit、谷歌的ARCore輕鬆地製作AR內容，再上架App Store或Google Play販售。

　　我們無法否認這些仍然是專家，所謂的專業開發者」的專業工具，不過在元宇宙世界中，已經有不懂程式設計的年輕人開發出專家才會開發的遊戲，且創造月盈收49,000美元。說不定過不了多久，只要我們有好點子，就能創造VR遊戲，開發AR內容，增加收入。

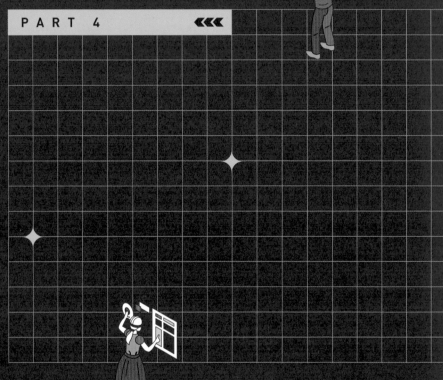

如何搭上
元宇宙熱潮？

PART 4

元宇宙世界躍上檯面，吸引不少視線，企業、機構與政府為了在元宇宙上尋找新的可能，在元宇宙平台上設置空間。不過，現在大家利用元宇宙世界的方式，大多可以歸納成，受到新冠疫情的影響，嘗試尋找取代實體聚會的空間。如果企業想正確運用元宇宙，需要留意哪些點呢？如果是個人想在元宇宙尋找新機會，又該準備什麼才好？

METAVERSE

<<<

搶搭元宇宙的時代來臨

▶▶▶

想找搭乘元宇宙號的各種方法？
我可以參與、生產元宇宙產品，或尋找在元宇宙上工作機會。

　　如今元宇宙掀起的不只是熱潮，簡直是元宇宙強風。許多人躍入元宇宙世界。人人都在搶票，想搭上元宇宙的列車，這是因為大家看見了元宇宙超越單純的交流空間，形成巨大經濟體系背後的潛力。

▍參與、生產，我該如何利用元宇宙？▍

　　參與元宇宙的主體大致可分為個人與企業。普通的經濟體系，個人當然是消費者，而企業是生產者，是企業生產財物與服務供個人消費的單向構造。不過，元宇宙世界不適用兩分法，根據個人的行動與意志，個人可

以成為消費者，也可以成為生產者。同樣地，企業是提供元宇宙服務的生產者，也能成為利用平台進行各種活動的消費者。

想參與元宇宙的個人進一步可分成兩種：

一是普通使用者。普通使用者就是單純享受元宇宙世界的人。他們上線元宇宙，是為了消費其他使用者或服務經營者（企業）製作出的各種內容。也就是我前面一直提到的「使用者」。如果拿 YouTube 世界作比喻，他們就是不產出影片，純欣賞他人影片的普通觀眾。

普通使用者享受元宇宙的方法非常簡單，只需要連上提供服務的平台，享受多樣化服務，交朋友，感受樂趣即可。

而另一種想參與元宇宙的人，就是把元宇宙視為人生新家園的人。這類人試圖在元宇宙上尋找經濟機會，利用自己的能力與技術，扮演提供元宇宙平台需求內容的角色。拿 YouTube 世界作比喻的話，他們就是 YouTube 創作者，所謂的「YouTuber」。

為了想要參與元宇宙生產活動的這些人，出現了學習元宇宙的讀書會和元宇宙相關講座。類型多元，從描述元宇宙世界故事的講座，到如何打造元宇宙平台的程式設計講座，以及在大眾化的元宇宙平台上怎麼創造空

▲ 線上學習平台「Class101」開設的元宇宙角色設計講座，除此之外，許多學習平台也陸續出現了元宇宙相關講座。©Class101

間的講座。

　　韓國國內知名度和使用者人數多的平台，像是《ZEPETO》，講座類型分得更細了，比方說有製作與販售《ZEPETO》服裝的講座、製作《ZEPETO》遊戲或World的講座，還有為了製造道具和Map的3D建模（Modeling）與圖像設計技術。

┃超越參與，走向職業┃

　　在元宇宙世界的生產活動催生新的職業，最具代表性的就是「世界建造者」（World Builder）。世界建造者是替各式各樣元宇宙活動創造空間的人，包括會議、新員工教育、徵才博覽會、大學慶典和選舉造勢等活動。

元宇宙活動和現實世界舉辦的活動一樣，都必須考慮到誰主持活動、現場椅子的擺設方式、螢幕的架設地點等等，專門處理這些事的專家，就是世界建造者，或稱元宇宙建造者（Metabus Builder）或元宇宙建築師。這個職業主要是在特定的元宇宙平台上接下客戶委託，提供活動主辦單位想要的空間。

不過，這些人不用因為頭銜是「建築師」就去學習建築學，也不需要學習特別的程式或工具，只要利用元宇宙平台內建功能就能創造空間，像是「ZEPETO Build It」。正如元宇宙世界不適用物理法則一樣，比起建築或土木工程相關知識，世界建造者更需要想像力和經驗。

另一種新職業是虛擬化身服裝設計師。虛擬化身是人們在元宇宙世界上的另一個自我，也是表現自我的重要方式。這也是為何使用者購買虛擬化身的服裝不手軟。虛擬化身服裝設計師負責設計與銷售虛擬化身服裝，讓虛擬化身變得更有個性。

虛擬化身服裝設計師最活躍的平台是《ZEPETO》。畢竟《ZEPETO》是以打扮虛擬化身起家的服務。設計師可以利用《ZEPETO》Studio功能設計服裝。同樣地，服裝設計經驗或專業設計能力在這裡也不重要。

在Studio裡，分成2D設計功能和3D設計功能。簡

▲《ZEPETO》Studio 的 2D 設計模版。該系統能讓使用者在規定好的模版上，包括上衣正反面和褲子正反面，畫上自己喜歡的圖案後自動做好一套衣服。©NaverZ

單來說，2D 設計功能是給初學者用的，3D 功能則是給專家用的。

2D 設計功能和我們小時候在文具店會看到的紙娃娃長得差不多，有上衣正反面和褲子正反面等模版。使用者只要在模版上畫上自己喜歡的圖案，就能做出一套衣服。把想要的圖案直接畫上去，製作成虛擬化身的商品後販售。

3D 設計功能，顧名思義，用 3D 技術製作服裝。使用者可以利用 Studio 內建的 3D 模版，或親自在 Studio 裡

3D建模。3D設計功能的特色是，即使是虛擬化身的服裝，但所有的服裝細節，包括「版型」在內都能調整。

還有，因為是3D，所以使用者能設計獨特的立體元素，比方說肩膀或腰部的飾品，製作出一套華麗又獨特的服裝。不過，如果懂一點平面設計工具基本功，製作3D服裝會更上手。

其他新職業還有虛擬化身電視劇編劇和製作人。在元宇宙裡，製作人用虛擬化身取代真人演員，編劇創作電視劇故事。不過，元宇宙電視劇和我們經常想的電視劇形式不一樣，背景多是靜止畫面，虛擬化身出現在畫面上唸出台詞，當鏡頭轉換的時候，背景跟著改變。與其說是電視劇，元宇宙電視劇更接近舞台劇。

雖然只要有虛擬化身的元宇宙平台都能製作元宇宙電視劇，不過，製作元宇宙電視劇的人，偏好利用提供虛擬化身豐富表情的平台，如《ZEPETO》和《ifland》等等。這些平台提供虛擬化身各種表情的服務，發揮了一定的作用。

電視劇內容多演繹十多歲青少年的愛情故事和校園生活，跟二〇〇〇年代初期大受歡迎的網路小說內容差不多。除此之外，也翻拍了韓國電影《狼的誘惑》（늑대의 유혹）和《那小子真帥》（그놈은 멋있었다）等等。

▲ 《ZEPETO》電視劇中的一個場面。《ZEPETO》電視劇用虛擬化身取代演員，套上故事情節，是舞台劇形式的電視劇。©Naver Z

當年網路聊天盛行，這些電影作品原著小說，因為使用了十幾歲青少年聊天時會混用的表情符號而寫成，反映十幾歲青少年的文化與日常，所以獲得巨大的人氣。

人們可以在各個元宇宙平台付費欣賞這些虛擬化身主演的電視劇。《ZEPETO》使用者稱之為「《ZEPETO》電視劇」，簡稱為「ZEP-D」。使用者也能在 YouTube 上欣賞到這些電視劇。某些作品的 YouTube 創下數萬次點擊率。

這條路開放給每個人，無論何時，我們都能跨越界線，從消費者變成生產者，既是消費者也是生產者。在此過程中，不斷地會有以現在視線難以解釋的新職業誕生，而這就是元宇宙世界的特性。

企業該如何搭上
元宇宙號？

企業、政府和機關如何搭上元宇宙？
一起來看企業主要運用元宇宙的方式。

　　那麼企業、公共機關和組織要如何躍入元宇宙？這是許多人的煩惱，也是最常被問到的問題。讓人聯想到網路普及化，許多公司匆匆忙忙地架網站，還有二〇一〇年初期，智慧型手機大眾化時期，企業忙著推出自己的專屬APP。

┃下一個Roblox是我，打造獨立平台的企業┃

　　企業觸及元宇宙的方式同樣可分為兩種，一是建立全新的元宇宙平台，和現有的平台競爭，一是活用現有的元宇宙平台。總歸而言，企業會成為元宇宙平台上的

消費者。

　要建立一個全新的元宇宙平台，提供服務，並不容易。如果沒有足以吸引使用者，並留住使用者的「殺手內容」（Killer Contents），就很難持續地提供服務。平台必須要不斷地吸引新的使用者進入，並生產內容，才能維持下去，對站在這種力場的平台來說，缺乏使用者無疑地是致命的打擊。

　不過有企業想親自架設平台，利用元宇宙抓住新機會。Meta為其代表。Meta已推出以VR技術為基礎的虛擬實境平台《Horizon Worlds》。使用者能透過Meta的VR裝置Oculus Quest 2連上《Horizon Worlds》^(譯註)。

　Meta的主力本就是提供臉書服務的元宇宙世界，不出所料，旗下Horizon也是以虛擬化身為基礎的社群服務，主要方式大概會是讓使用者操控虛擬化身和朋友見面，享受迷你遊戲的樂趣，探索開放世界。

Meta《Horizon Worlds》
的影片

　韓國SKT電信也是直接推出新平台的公司之一。它在二〇二一年七月推出元宇宙平台《ifland》，是將原

譯註：Horizon於二〇二一年十二月開放使用者登入，目前僅限美國、加拿大、法國、西班牙十八歲以上的使用者使用。

▲ 韓國 SKT 電信於二〇二一年七月推出元宇宙平台《ifland》，主要改版擴張了原有的 VR 社交應用程式《Social VR》與《Virtual Meetup》。©SKT

有的 VR 社交應用程式《Social VR》再加上《Virtual Meetup》的改版。

《ifland》是一款針對線上聚會的開放式元宇宙平台，以新冠時代提供使用者交流空間為開端，制定了後續計畫。《ifland》預計將擴張為不同產業結合的虛擬經濟活動空間。目前《ifland》的主要內容是提供最多可容納一百三十一人的語音交流空間。此外，許多企業、大學與組織都和 SKT 合作，正在《ifland》上舉辦商務論壇、新產品發表會等各式各樣的活動。

《ifland》和其他元宇宙平台一樣，也有虛擬化身，使用者可以操縱虛擬化身參加線上會議，和其他使用者

語音對話。《ifland》的二〇二一年開放 Studio 計畫目標是，提供使用者空間、設計虛擬化身服裝、開放世界中沙盒的元宇宙平台^(譯註)。

此外，企業也對元宇宙展現了強烈的興趣，並努力參與元宇宙。政府也一樣，在韓國國家發展戰略「數位新政 2.0」（Digital New Deal 2.0）中，政府把元宇宙納入發展核心課題，也宣布未來五年將投入 350 億美元，全力培育元宇宙產業。

▎成為新冠病毒避風港的元宇宙▎

無論是企業或政府，想進入元宇宙絕非易事，尤其是開發元宇宙平台，更是難上加難。要像 SKT 那樣輕鬆應對元宇宙時代並不容易，SKT 旗下的《ifland》雖然不是多龐大的元宇宙世界，但 SKT 之所以能快速地推出元宇宙平台，是因為在此之前經營過 VR 技術的社交服務。

以現階段而言，大多數的公司和政府機關還是把進入現有的元宇宙平台，作為首選，其中主要利用的是元宇宙空間。它們把虛擬世界作為實體空間的替代方案，

譯註：《ifland》推出的 Jump Studio，是讓虛擬化身在虛擬空間裡跳舞的功能。

在新冠疫情影響到實體聚會的情況下，元宇宙空間可以發揮最大的替代效果。

說不定一切不過是水到渠成。因為產業的發展總是因應需求而生，且發展速度迅速。在新冠疫情早期，視訊聊天備受矚目，代表事例有 Zoom 和 Google MeetUp。人們通過這些平台，進行視訊會議、網路教學和線上講座。「Web+Seminar」的合成語也一度流行，意思是利用網路舉辦的研討會，即線上研討會。

然而，使用者的疲乏來得也快。原因例如：視訊會議的視訊鏡頭視野太狹隘、看見自己的臉出現在視訊會議畫面上的尷尬感。顯然，線上會議與聚會的沉浸感低於實體會議和聚會，人們因此感到壓力，甚至出現了「視訊會議疲勞」（Zoom Fatique）一詞。這是為何企業選擇元宇宙的原因。企業希望透過元宇宙，稍微增加線上會議的真實感，讓使用者得以投入。不僅是企業內部會議，還有許多活動陸續地進入元宇宙世界。企業正積極地活用現有元宇宙平台的優點。

那麼現在大家是怎麼使用元宇宙的呢？開發《要塞英雄》的埃匹克娛樂執行長蒂姆・斯維尼（Tim Sweeney）給出了具體的答案：元宇宙是一個實體空間的替代品，也是一個躲避新冠病毒的避風港。

元宇宙會是人與人見面的地方，為了傳達使用者的真實經驗，品牌方將會參與元宇宙，而不是單純為了宣傳。

　　正如蒂姆・斯維尼所言，元宇宙被作為見面與宣傳的空間，免除多人聚會確診之虞，人與人聚在一起，利用各種虛擬世界元素，可進行宣傳，並提供使用者全新的體驗。接下來，我們一起看一下具體事例。

Zigbang
為何關閉辦公室？

用元宇宙空間取代實體辦公室的代表企業「Zigbang」，
它正在蓋元宇宙大樓，並租給他人使用？

　　許多企業正把元宇宙空間當成辦公室使用。二○二○年三月開始的新冠病毒是最大的影響因素。當時處於大混亂狀態，只要辦公室出現一名確診者，整棟大樓就得被關閉，很多企業都採取居家辦公或遠距辦公。

　　疫情蔓延近兩年，遠距辦公終究不是完美的答案，僅靠聊天工具和文件進行的交流有其限制。好點子終歸來自於人與人的互動。像谷歌那樣的創意企業，為了能讓員工能往來交流，費心調整員工在大樓的移動路線，處處準備會議空間。

元宇宙必修課

當然，企業也靈活運用了能看著對方的臉對話的視訊聊天應用程式，像是 Zoom、Google Meet 等等。可是，員工只有在開會時才會打開這些應用程式。長期來看，會缺乏現實感，使開視訊會議的專注力低落，有人會抱怨工作效率低，也有人抱怨不出門上班，害得工作和私生活的界線消失。

▎有我，也有我位置的 Hwahae 元宇宙辦公室 ▎

因此，越來越多企業把元宇宙辦公室當成替代方案。增添溝通現實感的平台陸續登場，在虛擬世界中，員工的虛擬化身上班打卡，坐到自己的位置上，到了下班時間再離開辦公室，並且添加視訊及語音聊天功能。

《Hwahae》是一款提供保養品與化妝品資訊的應用程式。經營《Hwahae》的 BIRD VIEW 團隊，最近把辦公室遷入辦公型元宇宙平台《Gather Town》。一百多名團隊成員到元宇宙辦公室上班，處理業務和開會。就連公司內部季度活動 OKR Day 都在元宇宙舉行。

《Gather Town》是二〇二〇年美國一家新創公司所架設的辦公型平台。如同經典遊戲一樣的 8bit 像素背景及虛擬化身，提供了解決辦公難題的方案。

使用者只要創建虛擬化身，便能連上辦公室的地圖

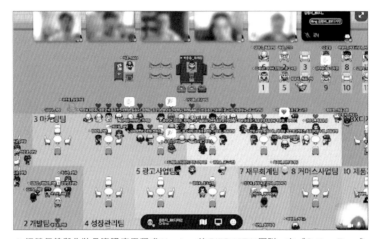

▲ 經營保養與化妝品資訊應用程式 Hwahae 的 BIRD VIEW 團隊，在《Gather Town》的辦公室。©BIRD VIEW

上班，讓虛擬化身坐在自己的位置上工作就行了。每當要開會的時候，使用者就把虛擬化身移到會議室，靠近其他同事的虛擬化身時，就會自動連上 Zoom 視訊會議室，自然地進行語音對話就行了。

當會議結束後，虛擬化身會回到各自的位置，當虛擬化身之間的距離拉遠，聲音就會變得模糊，語音對話自動結束。雖然是線上空間，但《Gather Town》盡可能營造實際世界中的對話感。

▎索性在元宇宙裡蓋辦公大樓的 Zigbang▎

二〇二一年二月，韓國房地產仲介平台 Zigbang（작

방）關閉首爾瑞草洞總公司辦公室，而且不續約，直接撤掉辦公室。兩百七十多名員工進駐《Gather Town》上班。Zigbang之所以這麼做，是考慮到因新冠疫情而延長的居家辦公，省辦公室租金，也增加員工福利。

二〇二一年六月，Zigbang更是索性離開了《Gather Town》，親自建造元宇宙空間「Metapolis」，並蓋起辦公大樓。

Metapolis是一棟三十樓高的虛擬大樓，有虛擬化身專用電梯，Zigbang的虛擬辦公室位於四樓。就像

▲ 房地產仲介平台 Zigbang 親自建造的元宇宙空間 Metapolis。員工可以透過虛擬化身聚集在同一個地方開會。©Zigbang

《Gather Town》一樣，員工利用虛擬化身在辦公室工作，自己的虛擬化身靠近同事的虛擬化身時，可以進行視訊對話。

Zigbang索性徹底轉型平台企業，提供 Metapolis 服務。這也是 Zigbang 蓋了三十樓高的大樓的目的，目前 Zigbang 只使用了其中一個樓層，打算像現實世界一樣，把剩下的樓層出租。

實際上，有一家企業確實入駐了 Zigbang 建造的元宇宙辦公室 Metapolis。

正是樂天建設。二〇二一年七月，樂天建設和 Zigbang 簽約，設立了 Metapolis 辦公室。

樂天建設把現實世界的「樣品屋」搬入 Metapolis 辦公室。這是為了無法親自造訪樣品屋看房的顧客所準備的空間，顧客可以通過虛擬化身線上賞屋，聽房仲介紹物件資訊及周邊環境。

NAVER新員工
通過《ZEPETO》上班？

▶▶▶ ————————————————————

雖然是上班，新員工卻在家的NAVER和LG，
因為新冠疫情而在元宇宙尋找新人教育訓練的解決方案。

　　二○二一年進入NAVER的新員工，在上班第一天上了班卻又沒到公司上班。這是什麼意思？

　　NAVER的二○二○年與二○二一年的新人教育訓練，都在《ZEPETO》上完成。這和新冠疫情發生之前的新人訓練恰恰相反。過去新人訓練會去位於韓國春川的研修院，參訪資訊中心、光州Partner Square、日本LINE辦公大樓等等，進行實體體驗和討論活動。

　　在新人教育訓練十天期間，開發人員、設計師、企劃人員、管理團隊等，共一百九十一人上線《ZEPETO》上班，交流與學習。為了營造新員工到公司上班的感

▲ NAVER 在《ZEPETO》進行新人教育訓練，訓練期間，開發人員、設計師、企劃人員、管理團隊等一百九十一人上線《ZEPETO》上班。©NAVER

覺，NAVER 在《ZEPETO》上建造了 NAVER 總公司 Green Factory World。

為了盡可能呈現現實感，NAVER 仔細地體現公司內部空間，像是第一次進公司的新員工得在一樓大廳領臨時員工證，才能進入公司。

現代 MOBIS 也利用《ZEPETO》對兩百多名新員工進行上半年新人教育訓練；LG Display 也進行了二○二一年上半年新人教育訓練，把坡州、龜尾、LG 雙子大樓、麻谷工廠等，如實體現在《Gather Town》裡，新員工只需在自己的家裡登入程式即可。

開學了，
你為什麼在家？

進入元宇宙世界裡的大學慶典，
如實體現校園，並通過虛擬化身視訊聊天宣傳社團。

　　新冠疫情造成全世界的停滯，許多人的日常被迫中止，其中改變最大的就是教育領域。不僅小學、國中和高中，就連大學都停課。大部分的學校教育都被線上教學取代。

　　撇開大學生不到學校上學卻要付學費是否合宜，除了聽教授講課之外，其他能做的事都被限制了，對此，大學生感到憂心與遺憾。無法見學校的朋友，還有慶典、社團活動等活動都消失了。

　　實際上，在新冠疫情入學的韓國大學新生，也就是在二○二○年與二○二一年入學的新生，沒與教授、同

屆同學和學長姐實際見過面；過去每年三月，校園四處擺設的社團招生攤位也消失了；按慣例，會在第一學期期中考結束後，進入夏天之前舉辦的大學生活最大亮點「慶典」^(譯註)也沒能舉行。

▌把大學搬入元宇宙，在那裡舉行慶典 ▌

大學校園開始入駐元宇宙，把校園建築物原原本本地搬入元宇宙，變成虛擬校園。這是為了從未體驗過校園生活的學生。這一類的虛擬校園會複製實體校園的模樣。代表性事例為韓國嶺南大學。嶺南大學的學生齊心協力地把校園如實搬入元宇宙世界，就像柏克萊加利福尼亞大學學生在《Minecraft》蓋了學校一樣。

嶺南大學 Minecraft Server 社團（Yeungnam Univ. Minecraft Server，簡稱 YUMC）裡各系學生，包括哲學系、資訊工程系、化學系、新材料工程系、英語英文學系、家庭居住系，視覺設計系在內，負責主導這項工作。

Minecraft Server 社團於二〇二〇年二月成立，三百多名社團成員自動自發地在《Minecraft》裡建設校園主建築物，從象徵嶺南大學的中央圖書館，到學生會館、露天講堂、天馬藝術中心與國際交流中心等，呈現了實

譯註：類似台灣的大學校慶，為期約三天，會邀請藝人表演、社團表演、擺攤等等。

際建築物的模樣。

　　新生利用圖書館閱覽室內的佈告
欄，一起分享嶺南大學的美食餐廳、
選課訣竅、考試資訊等，還舉辦各種
聚會與活動，包括入學儀式、入伍歡
送會（譯註）等等。元宇宙校園取代了實
際校園的功能。

嶺南大學元宇宙
校園遊覽

　　韓國建國大學也在元宇宙裡舉行春季慶典。從
二〇二一年五月十七日起，在建國大學和VR遊戲公司
Play Park 一起巧妙建構的元宇宙裡，舉辦了為期三天的
春季慶典。

▲ 韓國大學元宇宙校園。建國大學在元宇宙裡舉辦了二〇二一年的春季慶典。©Konkuk
University

譯註：有些韓國大學生會在入學後休學，服完兵役再回校園完成學業。

春季慶典內容包括尋找出沒在校園四處的有名流浪貓、鵝和鱉等，並拍照上傳，就像代表性的AR遊戲《寶可夢GO》一樣。還有密室逃脫遊戲，學生到虛擬學生會館解題才能逃出等等。學生利用虛擬化身上線虛擬校園，滑著滑板自由自在於校園中來去，享受慶典樂趣。

　　韓國崇實大學也在《Gather Town》舉辦春季慶典。崇實大學在元宇宙世界裡呈現校園主要建築物，如：工學館、中央噴泉等，也擺設了系宣傳攤位與社團宣傳攤位。新生的虛擬化身只要靠近顧攤的學長姐的虛擬化身，虛擬化身之間就會自動對話。同樣地，韓國延世大學總社團聯合會也利用《Gather Town》舉行社團宣傳活動。

　　韓國順天大學在SKT的「Jump VR」裡舉行二○二一年入學典禮。Jump VR是元宇宙平台《ifland》改版前的名稱。順天大學把校園的大型操場搬入了Jump VR世界中，兩千五百多名新生的虛擬化身參加入學典禮。據悉，二○二二年的入學說明會果然也在虛擬校園中進行。

　　大學慶典中最出名的活動「延高戰」（或稱高延戰）[譯註]，也就是延世大學和高麗大學的校際年度賽事，二○二一年搬入元宇宙裡舉行。二○二○年的延高

譯註：每年延高戰（高延戰）約在九月中旬舉辦。過去的稱呼以主辦學校為主，如果是延世大學主辦就叫延高戰，如果是高麗大學主辦就叫高延戰。現在由於兩校學生競爭心理，延世大學學生會稱延高戰，高麗大學學生會稱高延戰。

戰因新冠疫情的關係被取消，二〇二一年決定搬入元宇宙舉辦。元宇宙成了突破口。

延高戰中，雙方會進行各式體育競賽，包括足球、籃球和棒球。二〇二一年的延高戰是在現實世界無觀眾的情況下進行，而觀眾可以進入元宇宙世界。學生們的虛擬化身到比賽賽場集合，邊看比賽，邊用各式各樣的情緒表達功能替支持的一方加油助威。

▍上課也在元宇宙裡，元宇宙大學（Metaversity）登場▍

教育界正在積極地布局元宇宙校園，活用元宇宙世界的真實感與溝通功能，期望元宇宙校園能成為超越實體校園的替代品。對此，還出現了一個新合成語「Metaversity」──「元宇宙」（Metaverse）加「大學」（Univiersity）。Metaversity的最大優點是可擴張性，學生能不受空間限制，齊聚一堂聽講，就跟實體課程是一樣的。

Metaversity的課程甚至比實體課堂更卓越。雖是虛擬教育，但學生能聽到更具現實感且更實用的課程。學生可以擺脫以黑板和投影片為主的實體課程，還有無聊的影片課程。在元宇宙世界中，教授的虛擬化身和學生的虛擬化身見面，藉由操作各種3D事物，進行授課。

▲ 淑明女子大學利用美國元宇宙新創世界 Spatialweb 解決困境，舉行了元宇宙講座。
©Sookmyung Women's University

　　尤其是實驗或實習課的限制消失了。在元宇宙實驗室裡，所有學生都可以同時進行實驗和實習工作。預計元宇宙教室能在重視實際經驗的醫學、工程和藝術等課程，發揮更大的作用。

　　很多大學都開設了虛擬課程，最具代表性的就是韓國淑明女子大學的創業課程。二○二一年七月淑明女子大學請到AI相關法律專業諮詢企業LegalZoom前執行長John Suh進行講座。講座在美國元宇宙新創Spatialweb.net裡進行，淑明女子大學蓋了一個圓形講堂「淑明虛擬講堂」（Sookmyung Virtual Auditorium），線上聽眾超過兩百名，但現場實際只有五名聽眾。韓國高麗大學也和SKT簽約，打算利用《ifland》取代某些實體課程，還有預計會進行國際交流活動、社會公益服務等非教學活動。

總統選舉
也搬進元宇宙？

▶▶▶

走向人潮聚集之處的政治，
大選在即，政治人物也奔向元宇宙世界。

　　政治圈近年也開始涉足元宇宙，原因有二。一是韓國國會議員平均年齡五十五歲，為了克服年齡偏老的觀感，政治人物試圖建立與MZ世代^{（譯註）}的溝通窗口；一是因為新冠疫情，無法舉行實體聚會，政治人物得竭盡所能，創造和選民交流的機會。

▌在《ZEPETO》張貼的競選海報▌

　　時值二〇二二年韓國總統大選之際，選前政治人士

─────────────────────────────

譯註：「M世代（千禧世代）」和「Z世代」的合成語，指出生於一九八〇年代到
　　　二〇〇〇年代初期的人。

之間掀起元宇宙熱潮。政治人物主要進入的元宇宙平台是《ZEPETO》。因為《ZEPETO》是韓國本土服務，且有80%使用者是MZ世代年輕人，佔有吸引年輕選票或第一次參加選舉的選票的絕對優勢。

政治人物進入開放世界《ZEPETO》製作專屬地圖（Map），佈置成個人空間，邀請其他使用者加入。這種行為發揮了一定的效果。因為政治人物可以在佈置成選舉辦公室，或汝矣島國會議事堂的議員室，和選民交流。

最先進入元宇宙的是濟州島知事元喜龍（원희룡）。他創建了名叫「升級喜龍」的虛擬化身，和選民溝通，也在《ZEPETO》發表競選宣言。

此外，韓國前國務總理李洛淵（이낙연）、國會議員李在民（이재명）、金斗官（김두관）與朴用鎮（박용진）等共同民主黨黨內總統大選提名候選人，都利用元宇宙和選民見面。某些候選人在《ZEPETO》上打造專屬World，並且在World裡張貼競選承諾與海報，宣布參選消息。

過了一個月，共同民主黨在黨內總統提名選舉中也使用了元宇宙，租下Zigbang建設的元宇宙大樓Metapolis七個樓層，成立元宇宙競選總部，其中一個樓層用作中

元宇宙必修課

央黨部辦公室，剩下六個樓層則是各候選人的陣營。

　　元宇宙競選總部和各陣營人馬，在這裡進行了候選人代理說明會、支持者座談會與記者會等各種競選業務和相關活動。

▌美國從二〇一六年總統大選就開始了元宇宙▌

　　政治人物進入元宇宙創下先例的國家不是韓國，美國總統拜登（Joe Biden）早在總統選舉遊說時，就在《集合吧！動物森友會》裡製作了自己的島，用來宣傳。在動物森友會中，島是每個用戶能佈置的個人空間，或稱個人世界。

▲ 二〇一六年的美國總統大選時，美國總統拜登在總統選舉遊說時，就在《集合吧！動物森友會》裡製作了自己的島，用來宣傳。©Nintendo

拜登的島名叫「拜登總部」（Biden HQ），島上的選舉辦公室如實呈現了拜登當時實際的候選辦公室模樣，地上到處都是紙團、開著的筆電、堆高的紙箱和掉在地上的海報等等，都營造出選舉忙碌的氣氛。

在拜登島上還設置了投票所，掛上鼓勵踴躍投票的海報，寫上選舉日期和投票方式等，還有拜登的虛擬化身也遊走於島上，其他玩家的虛擬化身遇到拜登的虛擬化身，只要說出競選標語，就能和他拍紀念照。

在二〇一六年的美國總統大選中，當時民主黨候選人希拉蕊（Hillary Clinton）也在競選活動中使用了《寶可夢 GO》。《寶可夢 GO》的玩家遇到野生寶可夢時，可以使用誘餌模組（Lure Module）吸引野生寶可夢出現在附近，提高寶可夢出沒的頻率。希拉蕊競選團隊利用這一點，在競選游說地點和投票所附近設置誘餌模組，玩家為了抓住野生寶可夢，紛紛聚集到這些地點，然後競選團隊趁機爭取玩家的支持。

在元宇宙裡
開超商和飯店

▶▶▶

在元宇宙平台上創造專屬空間的企業正在增加，
CU超商和現代汽車在元宇宙上帶給顧客什麼樣的樂趣呢？

▌躍入《ZEPETO》的企業▐

　　元宇宙也正在被積極活用於行銷市場上。流通、製
造和旅遊等各行各業都加入了元宇宙。企業使用元宇宙
的方式是，把實際世界有的事物，複製到虛擬空間中，
並展示給使用者觀賞。使用者可以到虛擬世界中體驗產
品，就是蒂姆・斯維尼說的「把元宇宙作為品牌宣傳空
間之用」，企業正積極使用元宇宙。來創造專屬空間進
行宣傳。

　　最受韓國企業青睞的元宇宙平台是《ZEPETO》。
因為它不同於《機器磚塊》或《要塞英雄》，是由韓國

▲ BGF CO 在《ZEPETO》漢江公園 World 裡頭開設 CU 超商，內部擺放實際超商中常見的商品。©BGF CO

本土企業所經營的服務，較貼近韓國本土需求。許多企業和《ZEPETO》平台的公司Naver Z簽約，踴躍打造品牌的ZEPETO空間。

最具代表性的事例就是BGF CO。BGF CO經營著韓國連鎖超商CU。它在《ZEPETO》裡的漢江公園World，設立了和現實世界中一模一樣的CU漢江公園店，裡頭擺放了超商常見商品，如三角飯糰、熱狗和零食等。使用者還能利用虛擬化身在煮泡麵機上煮泡麵。

在飯店業，韓華飯店度假村在《ZEPETO》開設第一家潛水飯店。韓華飯店的潛水飯店「Breathe By MATIÈ」於二〇二一年七月一日在江原道襄陽開幕。

韓華飯店把實體潛水飯店原封不動地搬入了元宇宙。這是一種線上與線下整合行銷策略。過去古馳和克里斯提・魯布托所佈置於《ZEPETO》的展示空間，也屬於同一類策略，也就是說在虛擬商店裡頭擺設了和實體商店一模一樣的物品。

現代汽車也躍入《ZEPETO》World。現代汽車在《ZEPETO》的 Downtown World 和 Driving World 裡體現了實際世界的新車款 SONATA N 系列，並提供試乘服務。同時，現代汽車也利用汽車製作各種內容，像是ZEPETO 電視劇。

也有公司選了其他平台，不選《ZEPETO》。樂天超市（Lotte Hi-Mart）選擇在任天堂的元宇宙平台《集合吧！動物森友會》，開設品牌空間。「島」是《集合吧！動物森友會》的使用者空間的名稱。樂天超市創建「HIMADE 島」，以在《集合吧！動物森友會》世界宣傳自有品牌（Private Brand，簡稱 PB）「HIMADE」。

樂天超市把島分成四個空間，分別佈置成簡約風、設計風、系列風和創意風。每個空間都掛上該系列產品的照片相框，也在四處安排使用者造訪和拍照，證明到此一遊的空間。

▋就算不籌備空間，也要辦活動▋

有些企業就算沒有籌備專屬空間，也會在元宇宙世界裡辦宣傳活動。這些企業積極利用了元宇宙空間人數不限，能華麗呈現各式各樣要素的優點。儘管大多是一次性活動，不過仍可看出企業對元宇宙的矚目。站在企業立場，一次性活動也是正式進軍元宇宙之前，「試水溫」的機會。

Binggrae是代表性企業。在幾年前，Binggrae在食品界推動的「世界觀行銷」，就已經蔚為話題，尤其是Binggrae推動了故事行銷，編造故事，宣稱一九八六年Binggrae推出的代表性零食「螃蟹餅乾」（꽃게랑），實際上是俄羅斯的大眾零食「螃蟹洋芋片」（Crab Chips），二〇二一年進軍韓國市場。

二〇二一年七月，生產螃蟹洋芋片的虛構公司俄羅斯公司Kergwaja International，也在SKT的元宇宙平台《ifland》，舉辦進軍韓國市場的成果報告兼不接觸（Untact）派對，把實體活動時會進行的問答和拍攝紀念照環節，原原本本地重現。

現場來了七十多名受邀的粉絲虛擬化身及Kergwaja International代表理事Kergwaja Mashkov的虛擬化身，共襄盛舉。當然，Kergwaja Mashkov也是虛構人物。

▲ Binggrae 推動世界觀行銷活動之一，設定自家零食螃蟹餅乾，
其實是由虛構的俄羅斯公司 Kergwaja International 進口到韓
國。©Binggrae

　　二〇二一年八月，三星電子也在同平台上舉行旗艦
摺疊機 Galaxy Z Fold 3 與 Galaxy Z Flip3 的產品上市紀
念派對。三星電子過去每次推出 Galaxy 系列新款產品時
都會舉辦粉絲派對（Fan Party），這一次是首度於虛擬空
間舉行，共一千四百人參加這次的派對。

　　兩小時的派對中，請到韓國歌手 BIBI 和韓國饒舌
歌手 Lil Boi 演出，還有廣受喜愛的「崔俊」——韓國搞
笑藝人金海俊在 YouTube《Psick University》中創造的
副角，舉行互動式電視劇首映會。

創造元宇宙空間，
就此登入元宇宙平台？

企業通過元宇宙傳遞的「新經驗」是真的嗎？
以後是為了實現元宇宙世界的戰鬥。

　　像這樣，各行各業競相登入元宇宙平台，正把現實世界的服務和資產複製到元宇宙平台，吸引使用者上門。元宇宙是幫助企業突破難關的場所——實體空間本身有限制，以及因新冠疫情而難以舉辦實體宣傳活動。

　　企業不但是為了顧客，也為了員工能積極活用元宇宙。它們這麼做是為了通過優化工作流程，提供新經驗以改善組織文化。NAVER和Zigbang是代表性事例。有些企業的管理階層會用虛擬化身和員工溝通，把元宇宙作為溝通窗口活用著。

　　政府機關的活動也紛紛搬上了元宇宙，種類繁多，

難以細數。不過為了順利舉行這些虛擬活動，出現了幫忙裝飾虛擬空間的企業，可以稱之為數位建築企業或元宇宙建築業者。

▎3D袋裝零食能成為嶄新的使用者經驗嗎？▎

看著這些活動，不禁讓人心生困惑。用這種方式活用元宇宙，真的能說企業登入了元宇宙嗎？還有，事情真能像企業宣稱的，提出「新經驗」，確保長期成長動力呢？

許多企業只把元宇宙視為替代性空間。當然，站在企業的立場上看，他們口中說的，利用名為虛擬世界的新空間，提供使用者「全新經驗」並沒有錯。對使顧客來說，元宇宙世界和企業創造的虛擬空間，確實是全新經驗。

問題是，這些新經驗不是企業給的，更準確來說，是叫作元宇宙的新世界，還有叫作虛擬實境的新服務本身給予的新鮮感。企業通過元宇宙平台提供的服務內容並不新鮮，大多和過往實體宣傳活動差不多，把它搬到虛擬世界的活動內容也是依樣畫葫蘆罷了。

在大家提供的內容氾濫的情況下，不看好元宇宙的人會認為「當新冠疫情結束時，元宇宙也會告一段

落」。這種論點不無道理，倘若企業只把元宇宙作為實體空間的替代品，元宇宙絕對無法走得長遠。

當我們徹底回到現實世界的瞬間，不管對企業或顧客，元宇宙都會失去魅力。因為不管現代汽車多努力在《ZEPETO》創造和駕駛手感類似於SONATO的汽車，也很難追得上實際駕駛一輛實體汽車。

▋問題在經驗，笨蛋！▋

這是一九九二年美國總統大選時，民主黨候選人柯林頓（Bill Clinton）的競選標語：

「問題在經濟，笨蛋！」（It's the economy, stupid!）

這句競選標語準確地點明美國當時大環境的不景氣問題，也是表明冷戰期告終，經濟戰揭開序幕的口號。多虧柯林頓改變看待總統大選的視角，得以擊敗當時的總統，也就是共和黨候選人喬治・布希（George Bush）。

如果想真正地登入元宇宙，還有在新冠疫情之後也能善用元宇宙創造商機，企業就必須改變觀點。若說過去的一年，企業比的是誰能更快在元宇宙上實現「某事」，那麼從現在起，大家比的是為了如何實現元宇宙

世界而戰。企業考慮要提供使用者何種價值及使用者經驗（User Experience，簡稱 UE）的時候到來了。

過去智慧型手機普及化，行動環境新時代開啟時，也是如此。許多人對新裝置的出現如痴如狂，不過也不乏懷疑的視線，詢問：「這些會怎麼改變我們的生活？」。Kakao Talk、Instagram 和外賣民族（韓國外賣應用程式）等，針對行動環境所設計的特別服務，就是企業的答案。企業提供使用者只需動一根指頭，就能開啟全新生活方式的選擇，企業本身也在過程中成長。

所以，企業應該準確找出對元宇宙抱有疑慮的人的痛點（Pain Point），不是「元宇宙能做什麼？」，而是「元宇宙能改變什麼？」、「有什麼會因為元宇宙變得更好？」，亦或「元宇宙技術能解決什麼？」。元宇宙能解決的痛點，會因應行業的不同而不一樣。

《Gather Town》，從最初讓人聯想起過去街機遊戲的粗糙電腦圖像，卻在創業一年後成為代表性的元宇宙平台，正是因為它解決了痛點。

Gather 提供使用者現實感和安穩感，使用者通過虛擬化身能在需要的時候和身邊的同事對話，還有只有虛擬化身靠近時，才會啟動視訊對話的小細節，吸引了不少使用者。

所以，如果要我調整一九九二年替柯林頓打贏選戰的口號，送給正在煩惱如何進入元宇宙，或已經有一隻腳踏入元宇宙的企業，我應該會改成這樣吧：

　　「問題在經驗，笨蛋！」
　　（It's the user experience, stupid!）

元宇宙時代，
企業有何作用？

PART 5

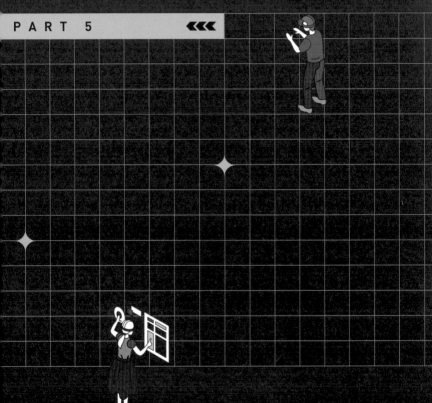

元宇宙的核心在於「能得到什麼經
驗」，使用者為了全新經驗而來到這個空
間，企業當然得準備提供顧客新經驗。對於
使用者的疑問：「元宇宙會改變什麼？」，
企業該怎麼回答呢？還有，在新科技的浪濤
中，企業將如何改變工作方式？

METAVERSE

元宇宙轉型，
該煩惱什麼？

現在的元宇宙近似「好奇心」所產生的泡沫，
該考慮元宇宙平台能提供什麼的時候到了。

　　如前所述，現在元宇宙是擺脫實體制約的替代品，因為人們對新科技的關心與好奇而受到關注。還有，許多企業在元宇宙平台上推出的服務，也與過去相差無幾，全然依賴人們對元宇宙的好奇與新鮮感。因為大部分的人都好奇自己在現實世界中看見的空間與使用過的東西，會如何體現在虛擬世界中。這樣看來，元宇宙更接近泡沫。

　　往後企業必須思考元宇宙平台能給使用者什麼，不能滿足於自己登上過元宇宙平台，或是自己架構元宇宙平台。不能僅停留在給予使用者新的經驗上，當經驗回

歸到使用者是否能有效發揮作用時，其作用的經驗將再次成為使用者尋找元宇宙的誘因。

　　無論是想搭上元宇宙，開始新服務的企業，或是想導入元宇宙平台的企業，或是想架構元宇宙平台的企業，想活用元宇宙應該考慮什麼呢？

▎企業能給予什麼效用？▎

　　元宇宙平台能給我們什麼效用？大家可能立刻想到的是物質獎勵，就是金錢。我們已經知道，通過創作者經濟，能在元宇宙世界賺多少錢，還有使用者如何獲得收入。

　　然而，不是所有的元宇宙平台都有支援法幣的獎勵，也未必會公平地給每個使用者獎勵。媒體報導的鉅額報酬，是「頂級」（Top-Tier）使用者的收入，拉高了平均而來。

　　加上，在元宇宙平台能賺錢的消息都是近期才傳出的，獎勵機制推行時間並不長，但《機器磚塊》、《ZEPETO》和《Minecraft》在此之前就擁有數億名使用者。這些使用者為什麼找上元宇宙平台，並自稱創作者（Creator）呢？

　　正是因為這些平台把元宇宙所能提供的效用，好好

地傳遞給使用者。儘管我們認為元宇宙的效用是物質獎勵，但若撇開目前為止所看見的元宇宙特質，我們可以看見另一個原因。

｜效用不僅是金錢｜

如果說金錢是元宇宙世界的支柱，那麼我們將無法解釋二〇〇〇年代初期，作為元宇宙先驅登場的《第二人生》的沒落。《第二人生》的虛擬貨幣叫作 Linden Dollar，某些企業會用它支付使用者薪資。

《第二人生》卻日漸式微。因為它始於使用者對虛擬世界的好奇心，僅依賴好奇心維持虛擬世界。即使它作為第一個元宇宙平台的登場，掀起了一股旋風，卻沒

▲ 以虛擬化身為基礎的社群服務《第二人生》，內有 Linden Dollar 經濟體系，雖然在二〇〇〇年代初期掀起旋風，但自智慧型手機問世後就沒落。©Linden Lab

能留住使用者，最終走向衰敗。

所以，元宇宙平台現在的成功不同於過去，現在的元宇宙平台善用了元宇宙的特性——令想像成為現實的空間，方法是活用兩項元宇宙的核心要素，一是開放世界，一是沙盒，給予使用者新的體驗。

舉例來說，孩子走在路上不會無緣無故地只走斑馬線，過斑馬線時，就算追不上大人的腳步，也一定會牽著大人的手，蹦蹦跳跳地過馬路。這樣做的本身，對孩子來說就是一種樂趣。

大家也許有過這種回憶。過去你和交往的對象散步，看見了階梯，於是兩人猜拳，贏的人可以往上走一階，就這樣一路猜拳走上去。別人可能會搞不清楚你們在幹嘛，但對當事人來說就是種樂趣。

在《機器磚塊》裡，這些回憶都能變成遊戲，使用者可以利用微不足道的日常回憶或小規則開發遊戲，並與其他使用者分享。

這就是元宇宙給使用者的效用，甚至當越來越多人和自己的回憶產生共鳴，一起享受的時候，最終能獲得收益。

《ZEPETO》也同理，即使只是普通上班族，也能通過《ZEPETO》Studio功能，成為設計師。

如果不是元宇宙世界，有人說不定一輩子只能在筆記本上設計衣服；如果職業不是設計師，很難真的做出一套衣服。但是，在元宇宙世界裡，人人都能成為設計師，都可以把下班坐地鐵浮現的大膽想法，實踐在衣服上，並秀給他人看，還能輕鬆地獲得反饋，更能作為產品上市販售。

▌要和工作時間競爭才行 ▌

　　最終，想成為元宇宙企業的企業，要競爭的對象不是空閒時間，而是工作時間。換句話說，元宇宙世界不是像遊戲或網路漫畫一樣，下班後才想暫時上線休息的空間，應該是工作時間會使用的空間。為了實現這個目標，企業必須提供與人們生活有密切相關的效用才行。

　　在描繪元宇宙帶來的玫瑰色未來的話中，常見到「讓我們的人生會變成元宇宙」、「現實世界的人類移居元宇宙，享受人生」。企業用不著聚焦於「人生」上，閒暇時間佔了大部分的人生多少時間呢？我們大部分都過著被工作驅使的人生。

　　不是只有坐在公司工作的時間才叫工作時間，平常去銀行辦事、購物、洗衣服、上市場，這些事雖然不會被稱為工作，但是這些都是我們想過得好，就得做的

「工作」。

這一類的工作受到行動環境的影響，變了許多，最具代表性的就是Coupang。我們只要點一點手機就能搞定購物和市場買菜。下一個輪到元宇宙了。當這些工作不與現實衝突，能無障礙地（Frictionless）接軌元宇宙時，元宇宙世界將變得更強大。

想從元宇宙獲得收益的企業，應該要煩惱是什麼樣的工作，還有要怎麼樣把那些工作元宇宙化。企業必須超越掌握人們的空閒時間，進一步掌握人們的工作時間，才能把人生元宇宙化。

這肯定需要一段漫長的時間，還有，這種變化最先會出現在人們打發時間時會看的內容上，之後才滲透到其他生活範疇。想當初，智慧型手機剛問世時，最先成為殺手級內容的，是遊戲。

這也是為何企圖轉型為元宇宙企業的企業，會率先收購內容公司，和他們攜手合作。企業先掌握人們的空閒時間後，再分階段把我們的人生元宇宙化。

活用元宇宙，
企業該怎麼做才好？

迎接元宇宙時代，企業開始奔忙，
每個企業都得元宇宙轉型嗎？

　　既然如此，企業應該如何轉型走向元宇宙呢？企業的元宇宙轉換是什麼？該如何活用元宇宙？所有企業都得元宇宙轉型嗎？元宇宙時代當前，企業面臨的問題不勝枚舉。

　　每一個企業負責人都在努力尋找這個問題的答案，很多企業會組織相關小組或特別工作小組（TF）。實際上，如果設專案小組還算好，大多數企業只對原本負責應用程式（APP）或行動戰略（Mobile Strategy）組說：「好好思考怎麼轉型元宇宙」，這樣只會徒然增加員工的工作壓力。

就像我前面列舉的問題一樣，要找出有效的答案並不容易。大家對元宇宙各有見解，二、三十歲的員工和四、五十歲的主管所想的元宇宙不可能是一樣的，所以，大家一起討論，往往議論紛紛，難有定論。

▌沒必要所有企業都元宇宙化▌

許多企業都在推敲元宇宙，並進入了元宇宙世界。但不是所有企業都得轉型元宇宙。企業把元宇宙講得彷彿是魔法拐杖，擁有它，就能有效改善工作環境，提供新的使用者經驗，揮動一下還能吸引使用者蜂擁而上。但現實並非如此。

不是架構元宇宙平台，使用者就會蜂擁而來；也不是使用元宇宙技術，就能馬上提供創新服務；更不是在元宇宙世界裡蓋辦公室，企業的經營就能更上一層樓。企業必須三思而後行，先有縝密的規劃後，再進入元宇宙。

下表是全球管理諮詢公司埃森哲（Accenture），在二〇一九年公布的XR分析報告《Waking Up to A New Reality》，分類了不同產業能利用XR技術實行的業務比重。XR就是所謂的元宇宙技術，許多企業在自家服務中加入的VR展示室和AR穿戴服務等，都包含在內。

*不同產業能利用XR技術的業務比重

平均	健康與社會服務	製造	建築	教育	流通	礦業
21%	35%	30%	30%	23%	23%	22%

資訊通信	運輸	公用事業	旅遊觀光	娛樂與其他服務業	金融服務	商業服務
22%	21%	20%	19%	17%	17%	16%

資料出處：Accenture 《Waking up to a new reality》（2019）

　　根據埃森哲公司的分析，在所有產業裡頭，平均只有21%的業務能利用XR技術進行，其中比例名列前茅的是健康與社會服務（35%）、製造（30%）、建築（30%）、教育（23%）、流通（23%）等。而比例較低的企業有旅遊觀光（19%）、金融服務（17%）與商業服務（16%）。

　　這是出乎意料的結果。因為現在XR技術最受旅遊觀光業青睞，還有銀行業也是打從元宇宙出現以來，就一直關注元宇宙的行業之一。以韓國的情況為例，幾乎大多數的商業銀行都設置了元宇宙空間。其中，新韓銀行是對元宇宙展現最積極態度的銀行，甚至宣布要架設自家的元宇宙平台。

　　此外，還有許多企業都想方設法加入元宇宙，像是

架設元宇宙平台，或想加入元宇宙平台，或導入元宇宙技術。企業的腳步快得嚇人，在入口網站上天天都能看見《全球首度在元宇宙舉辦××》、《韓國首次嘗試在元宇宙進行××活動》等標題。

不過，用「不管什麼方式，試了再說」的方式接軌元宇宙，努力有可能起不了作用。就像手機普及初期，很多企業喊著「先開發應用程式再說！」，於是一大堆的應用程式被開發出來，卻不受消費者青睞，在應用商店坐冷板凳。

▎向內還是向外延伸？▎

企業導入元宇宙需要考慮兩個層面，一是「內部」，也就是怎樣運用在企業本身的業務上；一是「外部」，即消費者，也就是考慮企業通過元宇宙能提供顧客什麼體驗。

運用在業務上的元宇宙也可分為兩種，一是元宇宙要怎樣取代日常業務步驟，或流程。小從微軟 Word、Hancom Office 等的文書處理軟體，大至包括個人電腦在內的硬體環境，它們該如何元宇宙化正是企業要考慮的問題。

另一種就是企業如何透過元宇宙，去改善該行業的

專屬業務流程。換言之，通過元宇宙技術，從員工訓練到現場實務，提高該行業的專屬業務流程，從而能提高工作效率，節省費用與時間。

　　企業該考慮和消費者，或是說跟顧客有關的元宇宙。這分為兩種，一是使用元宇宙平台，一是使用元宇宙技術。企業是要架設平台或加入現有平台，提供消費者新的顧客經驗，還是把元宇宙技術適當地結合公司原本的服務中，創造新的顧客經驗。

如果採用元宇宙，
公司會改變嗎？

如果把辦公室搬入元宇宙，會帶來革新嗎？
員工都會幸福嗎？

　　企業發展元宇宙可分成兩個方向，一是大部分企業都可以使用普遍的元宇宙技術，一是只有在特別情況下才能應用的技術。

　　我們先看企業內部應用元宇宙的情況。現在有很多企業爭先恐後地導入元宇宙，並大肆宣揚。就像前面說的，可以分成利用元宇宙提高所有流程的效率的事例，還有在特殊情況下應用元宇宙的事例。

▌從 PC 到元宇宙，辦公設備的改變▌

　　任何企業都能把與業務有關的業務工具（Tool）元宇

宙化，改善內部工作方式。這可看成是很多企業正在進行的「數位化轉型」（Digital Transformation）的延續。

　　最具代表性的就是虛擬辦公室。不是只有把辦公室搬入虛擬世界中，員工會在元宇宙空間裡進行文書工作、平面設計等實際業務。

　　二〇二〇年，Meta推出Qculus Quest 2的同時，也推出了虛擬辦公室Infinite Office。Infinite Office就是虛擬辦公室的代表事例，無論使用者人在床上或餐桌前，只要穿戴裝置，辦公桌和虛擬螢幕就會出現在眼前。當使用者觸碰虛擬螢幕，就能操作電腦，就像我們實際上用滑鼠點擊電腦螢幕一樣。還有，當使用者視線看向空

▲ Meta 公開的虛擬辦公室 Infinite Office，無論使用者人在床上或餐桌前，只要穿戴裝置，辦公桌和虛擬螢幕就會出現在眼前。©Meta

桌時，桌上就會出現虛擬鍵盤，可以敲打虛擬鍵盤進行
文書作業。

Meta推出的虛擬辦公室應用程式
「Horizon Workroom」有類似功能。
使用者通過Oculus Quest 2連上虛擬
化身使用的Horizon Workroom，實際
電腦螢幕畫面和虛擬辦公室的平板電
腦就會被連結，使用者可以把虛擬化

Meta 的 Infinite Office
影片

身正在看的虛擬平板螢幕上的文件，分享到實際電腦
上，以及可以參加虛擬會議。

如果企業把元宇宙作為辦公業務工具引入，會帶來
什麼變化？把辦公室搬入元宇宙世界，會帶來革新嗎？
既然年輕人都很熟悉虛擬化身，所有人都會幸福嗎？答
案當然是否定的。

我們再看一下關閉實體辦公室，在元宇宙裡蓋辦公
大樓的Zigbang吧！ Zigbang轉換到元宇宙上，究竟有
什麼效用？替員工製作虛擬化身，對企業有用嗎？員工
利用虛擬化身工作，真的得到了樂趣嗎？

完全不是這麼回事。一切並沒有改變。企業元宇宙
轉型，導入虛擬化身，唯一改變的只有，我的模樣變成
了虛擬化身，我和同事溝通的方式變成了語音對話。

Zigbang代表安城宇（안성우）在記者會上也強調：「大家進公司、上班、工作，全都沒有改變。」也就是說，在元宇宙平台上工作本身沒發揮特別效用。

不過，Zigbang員工們獲得了選擇工作場所的自由。他們不受限於上下班時間，可以自由地工作。簡言之，員工可以不用刻意住在公司附近。Zigbang原本的辦公室位於首爾瑞草區。以二〇二一年三月為準，瑞草區平均大樓房價超過130萬美元。這是一般上班族很難負擔得起的價格。當然，不是每個員工都在瑞草區置產，但就算是租屋，不管是傳貰或月貰[譯註]，價格都不便宜。瑞草區附近的房價同樣驚人。

Zigbang的元宇宙轉型，降低了員工的居住費用。員工可以到虛擬辦公室上班，住在低房價的郊區。如果想要的話，就算到山裡蓋房子，也照樣能在Zigbang上下班。這等同於實際收入的增加，是元宇宙轉型的真正效用。

▋現代汽車讓全世界設計師一起工作的方法▋

如果說以元宇宙為基礎的辦公室產品，是改善整體

譯註：傳貰和月貰都是韓國的租屋制度。傳貰是支付高額押金，但居住期間房客不用繳月租；月貰就是低額押金，照付月租。

▲ 現代汽車的 VR 設計空間，二十名設計師不受時間與空間的限制，全都能聚在一起研究車輛細節。©HYUNDAI

業務的通用技術，那麼也有不同企業或產業專用的元宇宙技術。許多企業根據不同的情況，如設計、生產、員工教育等特殊情況，親自開發並應用元宇宙技術

　　這一類型的元宇宙轉型，通常是實現數位對映——把實際產品或工廠體現於虛擬空間中。這樣做的優點是，在現實世界很難執行的高難度實驗或教育，企業可以在虛擬空間中盡情地實踐。

　　最具代表性的事例有現代汽車（HYUNDAI）。現代汽車在二〇一九年挹注1,200萬美元建造了VR設計品評場——是在虛擬空間裡對新車款的設計品質評價的空間。人在世界各地的現代汽車設計師，可以一起連上這

個容許二十人同時上線的空間，確認新產品的狀況。

在品評場裡，虛擬車輛浮在空中，設計師按下按鈕就能分解車子成零件，還能邊任意更換零件的材質與顏色等，邊觀察設計。設計師們可以三百六十度即時地觀察車子，並評價新設計。

富豪汽車（VOLVO）也從二○一九年把AR技術導入新車建模、設計與主動安全技術評估。此外，福斯汽車（Volkswagen）也在全球一百二十個工廠架設互動3D空間，作為即時互動合作與教育的地點。

英國汽車公司捷豹路虎（Jaguar Land Rover Limited）把AR技術導入員工訓練裡。員工戴上AR護目鏡就能分解與組裝虛擬畫面上的車輛，熟悉技術。在教員工修理儀表板時，也不用真的拆開實際車輛的儀表板。

元宇宙也用於改善工廠體系。二○二一年四月，寶馬集團（BMW）和半導體公司輝達合作開發「虛擬工廠」項目。「虛擬工廠」和實際工廠一模一樣，每輛車可以有一百種左右的配備組合。在每天生產一萬輛汽車

NVIDIA「虛擬工廠」影片

的工廠，透過元宇宙技術，改變零件位置、調整路線與生產線，檢查產品不良率與生產效率。

以二〇二〇年為準，奇異（General Electric，簡稱GE）產出實際產品的數位對映版，數量達到了一百二十萬個。從抽水機、壓縮機、渦輪機到發電廠，小至單個產品，大至整個體系，奇異都靠著元宇宙技術提供解決方案。

　　奇異利用元宇宙技術，搶先預測並解決產品有可能出現的問題，員工在元宇宙世界學習使用產品的方法，也能掌握產品實際應用到第一線時可能會出現的問題。

　　不僅是工廠，就連以顧客為對象的服務業，也可以通過元宇宙改善工作方式。美國沃爾瑪超市（Walmart）把基層員工升遷到中階主管時，會通過虛擬空間進行升職評價。虛擬空間如實呈現現實世界中的沃爾瑪超市，審核者觀察接受考核者是否能解決中階主管在第一線現場會面對的問題，比方：如何應對生氣的顧客、髒亂的超市走道，以及業績低迷的員工等等。這比起普通的筆試或面試，更能確認考核者解決問題的模樣。

如果想在元宇宙平台
和客戶見面

打造最夯的元宇宙空間，
真的是最佳選擇嗎？

　　企業運用元宇宙的方式五花八門，不過說到底，企業之所以關注元宇宙，是因為顧客。大眾被虛擬世界吸引，而企業希望把大眾吸引到自己的平台與服務中，藉此掌握資訊，通過新的服務成為新世代領導者。

　　不過不是每個企業都一定得架構元宇宙平台，也不可能這麼做。要架構一個平台需要投入大量資源，包括通訊技術、圖像技術和硬體技術，就算有雄厚的資本，也無法說做就做。

　　與其如此，企業需要思考平台能給使用者帶來什麼效用，才是更實際的。企業不應一昧專注在打造品牌空

間，應該利用開放世界和沙盒元素，傳遞與眾不同的顧客經驗。

在元宇宙世界蓋超商能發揮什麼作用？虛擬超商貌似只是個品牌宣傳噱頭，但企業應該站在長遠的觀點去觀察，這麼做有什麼意義？虛擬超商和實際超商一樣，架上和飲料櫃上擺得滿滿的零食與飲料有什麼效用？

顧客聽說了這個消息後，都會出於好奇，會去造訪一次。「元宇宙」本身聽起來就很神奇，而且竟然能體現我家門口的超商！但顧客的興趣會維持多久，這就難說了。就算企業建造出一個超大的世界，呈現企業獨有的特性，創造華麗的空間，但只要顧客對元宇宙的興趣稍微退燒，就很難繼續受到關注。

企業必須了解平台與使用者的特性，進行發散式思考。企業不用硬著頭皮去創造空間，大可用品牌的名義加入元宇宙世界，一樣也能吸引顧客的關注，傳達訊息。

▍元宇宙平台，只要善用就行了▍

最簡單的方法就是登上元宇宙平台。意思是，企業只要在經營得有聲有色的平台上，創造品牌空間，累積元宇宙相關經驗就夠了。

銀行業經營元宇宙大多是這種路線。因為它們必須有面向顧客的窗口。不過銀行業至今為止仍停留在元宇宙平台上創造空間的階段，而且比起提供和顧客溝通的窗口，銀行業更常把元宇宙空間作為內部員工培訓，或是主管與員工之間的溝通管道。

　　不過也有銀行另選適合的平台，提供顧客新的經驗。這也是為什麼韓國 KB 國民銀行的元宇宙分行會引起關注。韓國大部分銀行都選擇利用以社群服務為主的《ZEPETO》，裝飾公司內部空間。但是，KB 國民銀行除了打造面向顧客的元宇宙空間之外，還選擇了辦公型元宇宙平台《Gather Town》。

　　《Gather Town》是辦公型元宇宙平台，當使用者的虛擬化身靠近同事的虛擬化身時，就會自動連上視訊或語音對話。KB 國民銀行也運用這一項功能，在《Gather Town》裡開設虛擬分行。當顧客走到服務窗口時，就能和銀行職員進行諮詢。

　　說明特定商品或提供諮詢服務，是銀行的必備業務，一定得面對面與顧客交流，而元宇宙裡也能完整地提供這些服務。儘管 KB 國民銀行虛擬分行沒其他平台華麗，不過 KB 國民銀行準確地掌握了平台的使用方式與自身業務的特點，選擇適合自己的平台。KB 國民銀

▲ 現代汽車在《機器磚塊》世界架構的空間「未來行動城」。使用者可以開著現代汽車旗下的氫燃料車 NEXO，暢玩虛擬世界。©HYUNDAI

行利用這種方式，一方面可向顧客傳遞具體資訊，一方面能維持銀行業務運作。

　　站在顧客的立場上，連上 KB 國民銀行的元宇宙世界，確實有用。因為不用親自跑銀行，只要進入元宇宙就能聽到我關心的銀行商品的正確介紹，還能進行所有銀行業務。這就是元宇宙不再局限於休閒領域，正式踏入生活領域的時刻。

　　另一個利用元宇宙平台傳遞新顧客經驗的優秀事例就是，現代汽車的《機器磚塊》虛擬空間。二〇二一年九月一日，現代汽車公開了未來行動城（Future Mobility City）、節慶廣場（Festival Square），預計之後還會公開由

IONIQ供電的生態森林（Eco Forest Powered by IONIQ）、由N品牌贊助的賽車公園（Racing Park Powered by N）與智慧科技校園（Smart Tech Campus），共五個主題空間。

從現代汽車選擇《機器磚塊》作為平台可以推測出，每一個主題空間都是一款遊戲，連上遊戲就能獲得現代汽車的氫燃料車NEXO虛擬款。當我的虛擬化身坐上汽車，我眼前的螢幕就會出現儀表板，我也能開著車暢玩在《機器磚塊》世界。

實際上，使用者開著NEXO虛擬汽車你追我趕，享受追逐的樂趣，邊駕駛和實際現代汽車相同的虛擬汽車，會讓你逐漸熟悉駕駛實際的汽車。

▍企業也能成為平台玩家▍

企業用不著籌備平台，在元宇宙世界裡，企業也是使用者，只要積極參與元宇宙，和消費者進行交流，就是在享受元宇宙帶來的好處。意思是，倘若企業敞開心胸，抱著「我也是玩家（Player）」的想法，能做的事就非常多。

美國大眾速食品牌溫蒂漢堡（Wendy's）是代表性事例之一。

二〇一八年，在《要塞英雄》中舉行了「食物大亂

▲ 溫蒂漢堡在元宇宙平台《要塞英雄》裡的虛擬化身。©Wendy's

鬥」（Food Fight），玩家分成了漢堡隊（Burger Team）和披薩隊（Pizza Team），他們要在特別的戰場展開戰鬥。很多速食品牌踴躍參戰，創建自己的虛擬化身。

這是宣傳的大好機會，如果自己能發揮所長，幫助自己的隊伍取勝，就能成為英雄。因此，公司職員積極組隊，尋找會玩要塞英雄的高手。

不用多說，溫蒂漢堡也參加了活動。它用紅髮虛擬化身「溫蒂」現身戰場，並選擇了截然不同的路——漢堡品牌的虛擬化身卻加入披薩隊。

遊戲一開始，溫蒂積極尋找戰場上漢堡隊存放漢堡肉的冷凍庫，並用斧頭砸碎。《要塞英雄》是射擊遊

戲，求生存的玩家會用槍擊倒敵人，但溫蒂並不在意這件事，專砸冷凍庫，而且還砸了九小時。

溫蒂漢堡那樣做的原因是什麼？這是為了宣傳溫蒂漢堡不同於其他品牌，不用冷凍肉的訊息——「就算砸碎了所有冷凍櫃，溫蒂漢堡也無所謂」。這場遊戲透過遊戲串流服務 Twitch 直播。

參戰的玩家一開始搞不清楚怎麼回事，接著和溫蒂一起拿斧頭到處找冷凍櫃。溫蒂的突發行為改變了遊戲本身規則，更不用說，觀眾們因此留下深刻印象。

溫蒂漢堡的口號「讓《要塞英雄》變得新鮮！」（Keeping Fortnite Fresh），大功告成，光是溫蒂漢堡的品牌

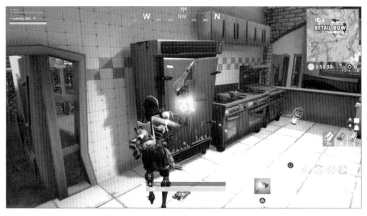

▲ 溫蒂漢堡的虛擬化身溫蒂在遊戲中破壞冷凍櫃，藉以宣傳溫蒂漢堡和其他品牌的差異，不使用冷凍肉品。©Fornite

曝光時間就長達150萬分鐘，溫蒂漢堡網站到訪率更是增加119%。這成為了元宇宙行銷的關鍵時刻。

在那之後，溫蒂漢堡奪下「廣告界奧斯卡」的克里奧國際廣告獎（Clio Awards）兩項金獎與兩項銀獎，也拿下坎城國際創意節（Cannes Lions International Festival of Creativity）的社群及影響者獎（Social & Influencer）大獎。

像這樣，企業在元宇宙世界裡就算不親自打造平台，只要掌握平台特性，並發揮創意點子，就能獲得驚人效果。溫蒂漢堡適當運用了開放世界要素——隨心所欲做我想做的，用砸爛冷凍櫃的戰略取代和敵人作戰，獲得了成功。

好好利用元宇宙技術的話
會變怎樣？

▶▶▶

善用已經普及的元宇宙技術會變怎樣呢？
活用元宇宙技術提供顧客新經驗的那些公司有哪些？

　　即使企業本身不是平台，也能活用被稱為「XR技術」的元宇宙技術。配合產業特性，選擇適合的技術，並結合服務，就能產生好的協同效應。

▌擴增實境製作的邀請函▐

　　蘋果公司在二○二一年九月十五日舉行了秋季發表會（Apple Event）。此前，蘋果公司的活動邀請函發到了顧客的電子郵箱，顧客只要點擊印在邀請函中間的蘋果品牌標誌「蘋果」，智慧型手機的相機功能就會被自動啟動。

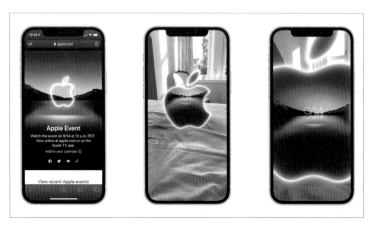

▲ 利用了 AR 技術的蘋果秋季發表會邀請函。蘋果公司通過 AR 技術體現出自家品牌標誌，提供顧客展示另一個新世界的體驗。©Apple

　　顧客舉起手機，把相機鏡頭對準空中，就會看見剛才點擊的蘋果標誌標幅在空中。這是用 iPhone 的 AR 技術所構成的，顧客會看見有東西在蘋果裡發光，拿著相機靠近蘋果，蘋果就會越來越大。

　　當顧客接近到一定距離時，就會進入蘋果裡，這時，顧客會看見黎明時刻的湖水，伴隨雄中的背景音樂，湖面上浮現了閃亮的九月十五日，即蘋果秋季發表會的日期。

　　像這樣，蘋果公司正式推出利用 AR 技術的邀請函，傳遞了全新的使用者經驗，同時刺激使用者的好奇心。全世界鋪天蓋地都是 YouTuber 分析該邀請函的影片。

銷售是另一個活用元宇宙技術增加消費者經驗的產業，主要用在超越時間與空間的限制，讓顧客提前試用產品上，尤其是不親自試用就絕對無法知道適不適合自己的服裝業。韓國眼鏡品牌體驗店「Rounz」提供多款眼鏡品牌虛擬試戴服務（Fitting），便是代表性事例之一。

　　Rounz 的虛擬試戴服務出自 ESTsoft 之手。ESTsoft 是以壓縮程式 ALZip 出名的韓國企業。Rounz 利用 ESTsoft 提供的技術，讓顧客只需利用智慧型手機鏡頭的自拍功能，就能在網路商城選購眼鏡，並體現於自己

Warby Parker 的
虛擬試戴影片

臉上。顧客只要躺在床上就能知道選中的眼鏡適不適合自己。此外，美國時尚眼鏡新創品牌 Warby Parker 和韓國眼鏡品牌 Gentle Monster 等許多眼鏡公司都正積極利用該技術。

　　名牌也積極提供顧客虛擬試穿服務，像是古馳提供了顧客虛擬試鞋服務。古馳應用程式同樣地採用了 AR 服務，顧客只需在古馳應用程式裡選想要的鞋子，用智慧型手機的相機拍下自己的腳，就能虛擬試穿。

　　瑞典居家用品零售公司宜家家居（IKEA）的行動應

▲ 古馳利用 AR 技術的試穿鞋子服務。顧客選擇自己想要的鞋款，用相機拍下腳後，就能虛擬試穿。©Gucci

用程式「IKEA Place」，也加入了 AR 技術。顧客用智慧型手機的相機對準想要放家具的空間，再打開宜家家居的應用程式，就能在兩千多款宜家品牌家具裡，擺放想要的家具。

還有，顧客可以按室內空間，自動調整想擺放的家具比例。虛擬家具和實際家具的規格，包括大小、設計與功能等的準確率約為98%。顧客進行虛擬家具配置後，滿意的話可以直接在應用程式裡購買該家具。

類似的事例還有美國建材零售店勞氏公司（Lowe's）。

元宇宙必修課

裝修的不確定性可以說是室內裝修市場的缺點。而勞氏公司提供「Holoroom」，幫助顧客提前配置購買的裝飾建材，確認實際裝修後的模樣。這項服務減少裝修後的不確定性，也降低顧客的憂慮。

▎在虛擬世界逛市場，宅配到府▎

有透過AR技術解決顧客痛點的企業，也有透過VR技術盡可能提高顧客便利性的企業。

沃爾瑪超市打造的VR商城就是代表性事例。顧客可以登入沃爾瑪VR賣場，就像去了實體賣場一樣推著推車逛賣場。看見想要的東西，就把虛擬商品裝入虛擬推車中，買完了就移動到虛擬櫃檯，系統會自動結算，之後，實體商品會宅配到府。

沃爾瑪VR商城結合了實體購物的優點——可以實際逛賣場，確認實體商品的狀況，和網路購物的優點——不出門也能購物，並利用VR的特性，把顧客在虛擬世界中的行為如實反映到現實世界中。

義大利時裝品牌杜嘉班納（DOLCE & GABBANA）也提供類似的VR購物體驗。杜嘉班納把位於法國巴黎、義大利羅馬與日本大阪等各地的精品店搬入VR中。虛擬店的模樣、構造和商品擺設方式，都會根據實體商店的

▲ 利用 VR 內容避開對打針的恐懼的「VR 疫苗項目」。©Hermes Pardini

情況調整。

　　杜嘉班納虛擬店並不是個單純展示商品的空間，顧客在逛VR精品店的同時，只要點擊自己喜歡的商品，就會連線給實體店面的員工。顧客在VR店裡邊看虛擬商品，邊聽實體店面的員工說明。

　　除了購物之外，也有其他領域試圖用VR解決問題。巴西醫學相關公司Hermes Pardini舉行了疫苗活動。這家公司在二〇一七年針對害怕打針的孩童，推動「VR疫苗項目」。

　　護理師替到院的孩童戴上VR頭戴式裝置，VR頭戴式裝置會在孩子眼前播放動畫。動畫片的內容是英雄為

了阻止壞人，會在自己的身上啟動防禦網。英雄的同事解釋道，為了啟動防禦網，英雄得在手臂上塗抹「冰花粉」，貼上「火花果實」。

護理師透過外部螢幕確認孩童看見的畫面，當英雄的手臂被塗上冰花粉的時候，就用酒精棉替孩童手臂消毒。對孩子來說，自己正被塗上冰花粉，不是在被酒精棉消毒。接著，當螢幕出現貼上火花果實的畫面時，護理師就替孩童打針。當然，孩童還是會覺得痛。

但站在孩童的立場上，之所以會痛，是因為啟動防禦網的火花果實導致的，有效地避免了孩童對打針的恐懼。Hermes Pardini 表示他們了解到孩童比起打針的痛，其實更害怕打針，並著手解決了這個問題，實際上孩童不怕打針，在肌肉放鬆的情況下，施打疫苗的過程也能變得輕鬆。

在技術層面上，VR疫苗項目使用的是初級VR技術，動畫內容也很簡單。VR世界中的人物和使用者之間不需要互動，護理師只需要配合動畫內容，抓準拿酒精棉消毒和打針的

VR 疫苗項目影片

時機就行了。這個項目之所以成功，是因為這家公司做了思維轉換，與精準掌握住使用者的痛點。

一年賺 1,000 萬美元的虛擬人，是怎樣的人？

很多人想跟網紅約會，
集結目前為止的元宇宙技術的虛擬人。

　　虛擬人（Virtual Human）是想活用元宇宙的企業需要注意的另一種元宇宙技術。虛擬人可以說是元宇宙技術的集合體，也可以說是元宇宙技術的本身。

　　虛擬人也被稱為數位人（Digital Human），或根據他們的用途，被稱為虛擬網紅（Virtual Influencer），又或是被稱為電腦合成影像模特兒（Computer Generated Imagery Model），意思是用電腦圖像技術製造出來的人。

▌年收入 1,000 萬美元的虛擬網紅▌

　　不久前，有一支風靡全球的YouTube影片。該影片

不是有名歌手的新歌MV，也不是YouTuber影片，而是韓國新韓金融控股公司旗下的壽險公司新韓生命保險（新韓生活）的廣告。廣告上線二十天就達成了千萬YouTube點擊率。這在企業廣告是很少見的。

廣告內容非常簡單，有一名年輕女性在樹林、市中心、地鐵和大樓屋頂上開心跳舞。這支廣告為什麼成為話題呢？因為這名女性不是真正的人類。很多看了影片的人不知道這件事，知道以後，難以置信地重看。

這名女性叫作Rosy，是sidux-x在二○二○年八月創造的虛擬人。Rosy透過Instgram帳號首次登場。Rosy

▲ sidus-x 創造的虛擬人 Rosy，被新韓生活選為廣告模特兒，成為了話題。©Shinhan Life

的自我介紹是，喜歡全世界旅行、瑜伽、跑步、時尚和實踐環保生活的二十二歲女性。當時她只是喜歡在Instagram上傳旅行照和自拍照的平凡人。

　　直到二〇二〇年十二月，她才在Instagram上宣布自己的虛擬人身分。在那時候，喜歡她的時尚感而追蹤她的帳號的粉絲數已達兩萬六千多人，是超過普通Instagram網紅（Celebrity）的人數。而且有很多人私訊她，「我們要不要見面吃個飯」，想約她出門。

　　之後，廣告邀約紛至沓來，Rosy接下了位於首爾市中區會賢洞萊斯卡夫飯店和首爾榕悅度假飯店的廣告邀約。二〇二一年八月起，Rosy接下雪佛蘭汽車（Chevrolet）的電動車Bolt EUV廣告。根據sidus-x所言，有一百多家公司提出廣告邀約，包括二十多家服裝品牌在內。

　　Rosy不是企業利用虛擬人行銷的首例。二〇二一年三月，LG電子製造的虛擬人金來兒（김래아）在全球最大消費性電子展（CES）亮相。金來兒在LG電子記者會上進行了三分鐘的演說等，存在感突出。

　　全球擁有最多粉絲數的虛擬人是美國新創公司Bud

▲ 虛擬網紅 Miquela 是國際名牌香奈兒廣告模特
兒。©Brud

於二〇一六年創造的虛擬人 Miquela。Miquela的人設是
住在美國洛杉磯的巴西裔美國人。她擁有超過三百萬的
粉絲，加上 TikTok、YouTube的粉絲的話，超過五百萬
人。

　　Miquela的Instagram發文廣告酬勞，單價為8,500美
元。她接下許多國際名牌的廣告，像是香奈兒（Chanel）、
普拉達（Prada）、巴寶莉（Burberry）、路易威登（Louis Vuitton）

等。這些廣告代言與活動讓 Miquela 僅在二〇二〇年就賺入了 1,170 萬美元。

日本新創公司 AWW 創造的 Imma 也賺進了 7 千萬日圓。Imma 還成為了代言家具品牌宜家家居的日本廣告模特兒。宜家家居在二〇二〇年八月透過 YouTube 公開 Imma 在宜家家居原宿店住了三天的日常影片。Imma 在裡面用餐、做瑜伽與打掃家裡等，透過虛擬模特兒示範怎麼使用宜家家具。Imma 有三十四萬 Instgram 粉絲，拍攝過保時捷（Porsche）、SK-II 等廣告。

┃不會改變，不會有爭議，我們為他們瘋狂的理由┃

企業要關注虛擬人，還有已經有這麼多企業和虛擬人合作的原因為何？這是因為虛擬人不受限制的自由度。而且企業選虛擬人當模特兒後，能有效管束虛擬人。

據悉，培養一個韓國五人偶像組合平均需要 38 萬美元，如果是大型經紀公司甚至會達到 77 萬美元。偶像團體出道後，更別說成為 BLACKPINK 或 TWICE 一樣的全球人氣團體，只要小有名氣就算成功了。

即使闖出名聲也是個問題。近來，很多藝人和名人因為學校暴力爭議和酒駕，消失在螢光幕前。還有人在

新冠期間，違反防疫聚會守則，捲入爭議。從請這些藝人當模特兒的企業立場看，企業非常難堪，就算和他們解約，要求違約金，也不足以彌補品牌形象的損失。

但虛擬人不會有這個問題。還有，企業靠著電腦繪圖技術（CG）能不受時間與空間的製造出任何畫面。虛擬人也不會有實際人類要擔心的變老或生病的問題，能長久地代言。在新冠期間，不戴口罩（No Mask），想出現在哪就出現在哪，也是虛擬人的魅力之一。

能針對特定顧客量身訂做也是虛擬人的一大優點。舉例來說，公司蒐集了MZ世代最喜歡的五官特徵製作出虛擬人的臉。虛擬人被創造的目的就是為了攻陷MZ世代的心。企業不需要花錢管束他們。普通偶像上舞台或上節目，需要帶好幾個經紀人和化妝師，虛擬人沒有這種需求，像是LG電子的虛擬人來兒，整個企劃項目自始至終都只有一人負責。

再者，虛擬人的價值被看好，據美國市場調查機構Business Insider Intelligence的調查結果，該名企業在二〇一九年花在網紅行銷的費用為80億美元，到二〇二二年預計增加到150億美元。另外，美國商業雜誌《彭博商業週刊》（*Bloomberg Businessweek*）預測道，虛擬人和虛擬網紅將佔走大部分的網紅行銷費。

▍元宇宙帶來的變化結晶——《脫稿玩家》▍

說不定元宇宙帶來的生活變化所造成的結晶，就是虛擬人。這對企業固然重要，對夢想移居元宇宙的普通使用者來說，也是一個重要變化的開端。

虛擬人是截至目前為止，人們開發出的元宇宙相關技術的總集合。開發出虛擬人的所有技術，很快就會被用在製作虛擬化身上，包括3D建模、追蹤周遭反射光的路徑、蒐集與儲存色彩資訊，與決定表面顏色的技術「光線追蹤」（Ray Tracing）。

現在我們靠著即時光線追蹤技術（Real-time Ray Tracing），把光線照在人的皮膚上，光線能穿透薄薄的皮膚層，即時體現出顏色的變化。

這些技術將變得日常化。二○二一年三月，埃匹克娛樂開發的遊戲引擎虛幻引擎，公開他們打造的虛擬人（MetaHuman）。原本打造虛擬人需要幾個禮拜或幾個月，但他們把製作時間壓縮到一小時內，我們過去展望的虛擬人大量生產時代已經到來。

打造有人性化的虛擬人的時代近在眼前。幾十年前，我們夢想的真正人工智慧時代就要來了。現在有真正的人類藏身虛擬人身後，營造他們的自我意識，比方說公司替Rosy和Miquela發Instagram。

▲ 虛幻引擎公開的數位人。靠著虛幻引擎提供的功能能迅速創出一個虛擬人。©Epic Games

　　但有朝一日，虛擬人會自己撰寫並上傳Instagram，自己決定要發什麼文。雖然AI聊天機器人（Chatbot）Luda牽涉到個資問題而被中止服務^(譯註)，但這一類服務是虛擬人的早期階段。

　　能與使用者即時對話交流的虛擬人正在普及化。新韓銀行在分行裡安排了AI銀行職員。AI銀行職員能理解95%人類語言，並在0.5秒裡回答。史嘉蕾‧喬韓森（Scarlett Johansson）與瓦昆‧菲尼克斯（Joaquin Phoenix）主演的電影《雲端情人》（*Her*）變成了現實。

譯註：有網友濫用Luda的聊天功能，對Luda進行了性方面對話，還有有網友發現Luda會出現同性戀和殘疾人士的相關歧視言論，要求中斷服務。

▲ 電影《脫稿玩家》的海報。主角蓋伊發現自
己是開放世界遊戲《自由城市》裡的非玩家
角色，為了阻止遊戲伺服器關閉，孤軍奮
鬥。©21st Century Fox

　　虛擬人將超越人類的好奇心，變成一種文化與日
常。儘管我們已經習慣現實世界處處出現虛擬人，但在
元宇宙世界中，虛擬人會像鄰居一樣存在我們身邊。即
使這種情況並非我們所選，但我們還是會和虛擬人混
居。在VR技術體現的虛擬實境，還有AR技術體現的
擴增實境，都將看見他們的身影。

最近，有部電影叫《脫稿玩家》（*Free Guy*）。該片內容描述主角蓋伊發現自己是開放世界遊戲《自由城市》（Free City）裡的非玩家角色（Non-Player character，簡稱NPC），而後蓋伊為了阻止遊戲伺服器關閉，孤軍奮鬥。

電影《脫稿玩家》
預告

這部電影的題材相當新穎。非玩家角色在遊戲中的作用就是，當玩家接近的時候，他們才能跟玩家對話，並分配任務（Quest）給玩家。看著這部電影，我想起了元宇宙世界。如果我在元宇宙世界裡遇到的非玩家角色都變得有自我意識的話會怎樣，還有未來我會和他們一起生活的世界模樣。

國家圖書館出版品預行編目（CIP）資料

元宇宙必修課：好奇元宇宙的人，你得知道的50件事／李宰源著；
黃莞婷譯 . -- 初版 . -- 臺中市：晨星出版有限公司，2022.11
面； 公分 . --（勁草生活；499）

譯自：나의 첫 메타버스 수업：메타버스가 궁금한 사람이라면 꼭 알아야 할 50가지

ISBN 978-626-320-243-6（平裝）

1.CST: 虛擬實境 2.CST: 數位科技 3.CST: 趨勢研究

312.8   111013615

勁草生活 499

元宇宙必修課
好奇元宇宙的人，你得知道的 50 件事
나의 첫 메타버스 수업 : 메타버스가 궁금한 사람이라면 꼭 알아야 할 50가지

作者	李宰源
譯者	黃莞婷
負責編輯	謝永銓
執行編輯	吳珈綾
校對	吳珈綾、謝永銓
封面設計	李莉君
內頁排版	黃偵瑜

歡迎掃描 QR CODE，
填線上回函

創辦人　陳銘民
發行所　晨星出版有限公司
　　　　407台中市西屯區工業30路1號1樓
　　　　TEL：（04）23595820　FAX：（04）23550581
　　　　E-mail:service@morningstar.com.tw
　　　　http://www.morningstar.com.tw
　　　　行政院新聞局局版台業字第2500號
法律顧問　陳思成律師
初版　西元2022年11月15日　初版1刷

讀者服務專線　TEL：（02）23672044 /（04）23595819#212
讀者傳真專線　FAX：（02）23635741 /（04）23595493
讀者專用信箱　service@morningstar.com.tw
網路書店　http://www.morningstar.com.tw
郵政劃撥　15060393（知己圖書股份有限公司）
印刷　上好印刷股份有限公司

定價430元

ISBN 978-626-320-243-6